개정판 기초부터 차근차근 배우는

Control Engineering

제어 공학

백인철 저

마지원

제어공학 분야의 대학과정 교재로는 많은 훌륭한 책들이 이미 출간되어 있는데 새삼스럽게 또 하나의 교재를 펴낸다는 것이 왜 필요한 것인가에 대하여 여러 생각을 하게 됩니다.

저자가 생각하는 이 책의 특징은 다음과 같습니다.

첫째, 일주일에 2~3시간씩 각 각 한 학기 강의 기준으로 대학 초급학년 학생들이 고전제어와 현대제어에 대한 확고한 기초를 닦을 수 있는 내용을 정선하여 다루려고 노력하였습니다.

둘째, 제어공학을 위한 수학적인 기초 사항, 고전제어에서의 주요 개념들, 상태 공간 해석을 중심으로 한 현대제어에 있어서의 주요 개념들을 설명하는데 있어서 저자가 그 동안 여러 훌륭한 스승님들의 가르침으로 공부한 내용들과 실무를 통하여 경험한 내용들을 두루 종합하여, 학생들이 보다 잘 이해할 수 있도록 고심한 결과들을 많이 포함하였습니다.

셋째, 이 책으로 공부한 학생들이 제어공학에 흥미를 느끼고 더 공부하고 싶은 도전의식이 생기기를 기대하면서 제어공학이 결코 따분하고 어려운 학문이 아님을 강조하고자 많은 노력을 기울였습니다.

요약하면 이 책에서는 제어공학을 학생들에게 소개하는데 있어 다음과 같이, 제어 계통을 표현하는 미분방정식 소개 → Laplace 변환을 이용한 미분방정식의 풀이과정 소개 → 그 과정을 축약하여 제어 계통을 표현하는 또 다른 수단으로서의 전달함수 → 응답특성과 전달함수의 분모를 관찰하여 특성방정식과 극점의 개념 파악 → 전달함수 방법이나 상태공간제어에 있어서 설계문제를 극점의 위치를 바꾸어 원하는 응답특성을 얻게 되는 과정으로 파악하는 흐름을 선택하였습니다. 따라서, 이 책에서는 비록 주파수 영역해석(Nyquist Criterion, Bode Plot 등)을 다루고 있지 않지만 단기간에 비교적 적은 노력으로 주요 개념을 파악하는데 도움이 될 것이라고 믿기 때문에 제어공학을 처음 접하는 학생들에게 Companion volume 으로 추천할 만하다고 감히 생각합니다.

또한 이 책에서 소개하는 내용들을 이해하고 예제들을 익히면 자연스럽게 전기(산업)기사, 전자(산업)기사 수험을 위한 충실한 준비도 될 수 있을 것입니다.

의도하지 않았지만 오류가 있다면 모두 저자의 책임이고 또한 저자의 과욕으로 내용 중에 논리적인 비약이 있을 수도 있다고 생각됩니다. 보다 좋은 설명 방법을 찾기 위한 고심의 흔적으로 너그럽게 봐주시기를 바라고 계속 수정 보완할 수 있기를 바랍니다.

끝으로 본 교재의 출판을 위해서 노력해 주신 도서출판 磨智院 관계자 여러분께 감사의 말씀을 드립니다.

정왕동 연구실에서

차례
CONTENTS

01 자동제어의 소개

1.1 系(統), System

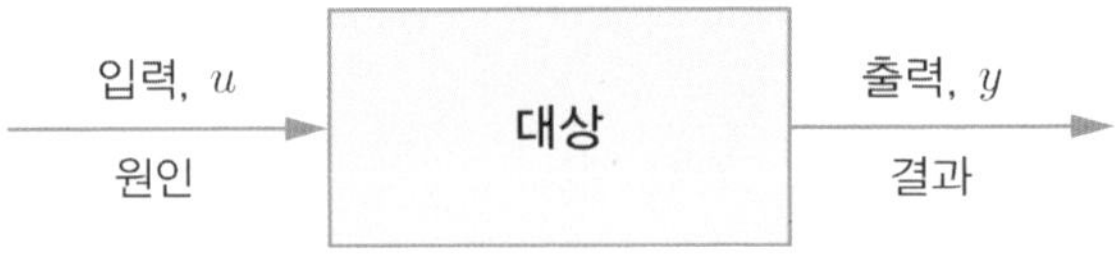

Encyclopaedia Americana에 따르면 系(統), System 이란 "**완성된 전체를 이루도록 자연적 혹은 인위적으로 연결된 집합체 또는 조립체**" 라고 설명되고 있으며 수학적 계통 이론(Mathematical Systems Theory)은 그러한 사물의 집합(조립)체에 어떠한 조건 또는 입력이 가해졌을 때 어떠한 반응을 보이는가를 연구하는 것으로 정의되고 있다.

이러한 기본적인 정의들을 고려하여 우리는 본 과정을 통하여 앞으로 입력과 출력을 정의하여 생각 할 수 있는 모든 대상(조립체)을 系(統), System 이라 한다고 생각하기로 한다.

예제

통신계통(Communication System)

휴대전화

음성신호→ 전기신호→ 기지국 •••• → 기지국 → 전기신호→ 음성
입력 출력

임의의 장소로부터 임의의 장소로 정보(소리, 화상 또는 일반적인 신호 등)를 가능한 손실 없이 전달하는 것을 통신(Communication)이라 하며 여러 가지 제약을 극복하면서 이러한 목적을 달성하기 위한 연구 분야를 통신공학(Communication Engineering)이라한다.

통신계통의 특징은 입력이 출력 측에서 가능하면 동일하게 재현되도록 하는 것을 목표로 하고 있는 것으로 생각할 수 있다. 따라서 입력과 출력은 물리적으로 동일한 형태로 표현된다는 특징을 갖고 있음을 알 수 있다.

제어계통(Control System)

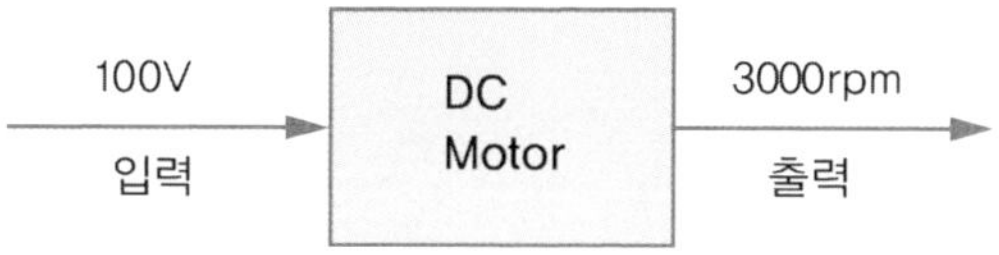

입력을 바꾸어 가함으로써 출력이 원하는 조건을 만족하도록 하는 것을 제어(Control)라고 하며 이것이 자동으로 이루어지는 경우에 자동제어(Automatic Control)라는 용어로 표현한다. 여러 가지 제약을 극복하면서 이러한 목적을 달성하기 위한 연구 분야를 제어공학(Control Engineering)이라 한다.

제어계통의 특징은 입력은 간편하게 조작할 수 있는 형태(예를 들어 전압, 또는 Digital Computer에서 Binary Number)인 반면 출력은 목적에 따라 다양(속도, 위치, 온도, 압력 등)하게 된다는 특징이 있다. 따라서 입력과 출력이 물리적으로 동일한 형태로 표현되는 경우가 거의 없다는 특징을 갖고 있음을 알 수 있다.

생체계(Bio System)

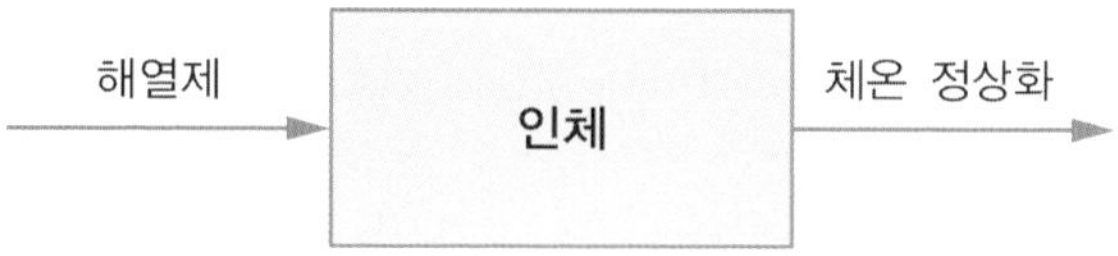

인체라는 계통(system)에 대하여, 해열제를 입력으로 체온 정상화를 출력으로 생각할 수 있다.

○ 생태계(Eco System)

〈연못(먹이사슬)〉

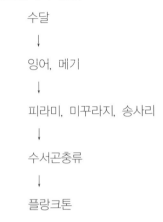

수달
↓
잉어, 메기
↓
피라미, 미꾸라지, 송사리
↓
수서곤충류
↓
플랑크톤

연못이라는 생태계에서 플랑크톤의 양을 입력으로 그에 따른 수달의 개체 수를 출력으로 생각할 수 있다.

1.2 | 外亂 입력(Disturbance Input)의 개념

만일 어떤 이유로 피라미, 미꾸라지, 송사리의 숫자가 급격히 줄어든다면 (예를 들어 인간의 천렵), 잉어나 메기의 개체 수 나아가 수달의 개체수도 영향을 받게 될 것이다.

이 경우 피라미, 미꾸라지, 송사리의 숫자가 급격히 줄어들게 되는 현상을 외란(입력)으로 생각 할 수 있다.

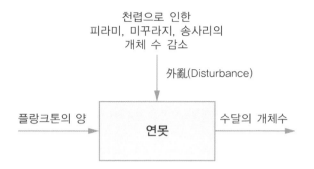

계(통), 체계, system 이라는 용어는 일상생활에서 생각보다 광범위한 영역에서 사용 되는데 (예컨대 교통체계, 국가 위기관리 시스템 등등), 이 경우에도 입력(동기 또는 자극)과 출력(기대되는 대응, 결과)을 정의하여 생각할 수 있다는 기본적인 개념과 부합한다.

1.3 | 계통에서 제어의 의미

제어 대상에 가해진 입력의 적절한 변화에 의하여 출력이 의도된 방향 또는 값을 취하도록 만들어지는 것을 제어라고 한다.

예제

1) 입력과 출력이 정의되는 모든 대상을 (   ) 라 한다.

2) 아래의 a), b)로 표현된 대상은 system 이라 할 수 있는가? 할 수 있다면 그 이유는?

3) 아래의 a), b)로 표시된 대상을 동적계통(dynamic system)과 정적계통(static system)으로 구분하시오.

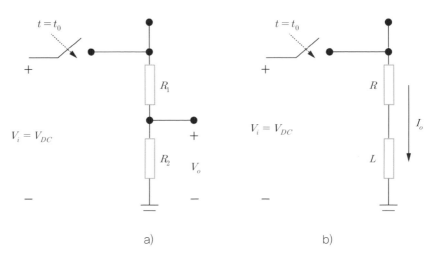

a)   b)

$$\circ \; v_0 = \frac{R_2}{R_1 + R_2} v_i$$

(입출력 관계: 대수적)

$$\circ \; Ri_o + L\frac{di_o}{dt} = v_i$$

(입출력 관계: 미분 방정식)

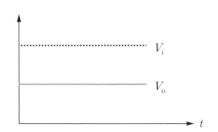

정적 계통(Static System) : $t = t_1$ 에서의 출력이 $t = t_1$ 에서의 입력에 의해서만 결정된다.

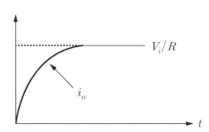

동적 계통(Dynamic System) : $t = t_1$ 에서의 출력이 $t \leq t_1$ 에서의 입력의 영향을 받아 결정된다.

1.4.1 개 루프 제어계

정격전압과 회전수가 100V, 3000rpm인 DC Motor를 생각해 보자.

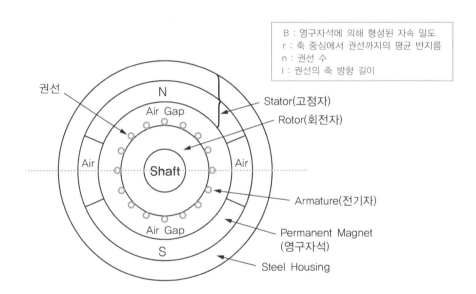

권선에 흐르는 전류가 i 라면 권선 하나에 발생하는 힘(f)는

$$f = iBl$$

권선 하나에 의한 회전 에너지(torque) T_l은

$$T_l = fr = iBlr$$

자극 하나에 노출된 전체 권선 수 n 에 의한 효과와 반대방향의 전류가 흐르는 권선에 의한 영향(2배가 되는 효과)까지 고려하면

전체 회전 에너지 T_e 는

$$T_e = 2\,n\,f\,r = 2\,n\,i\,B\,l\,r = 2\,n\,B\,l\,r\,i = K_t\,i$$

이 되며 K_t[Nm/A]를 Torque 상수라고 한다.

여기서 자속밀도 B는 DC Motor 마다 정해지는 설계치 로서 생각 할 수 있는데 같은 사양으로 생산되는 영구 자석재료로 제작하여 착자(Magnetizing)하여도 여러 가지 이유로 똑같은 크기의 자속밀도를 발생 시키지는 못한다. 또한 동일한 생산 공정을 거쳐서 생산된다고 하여도 여러 가지 이유로 Motor 의 저항, 축 중심에서 권선까지의 평균 반지름, 권선의 축 방향 평균길이 등이 평균값을 중심으로 산포를 보이게 된다. 따라서 같은 전압을(100V) 가하더라도 Motor의 회전수는 정격치를(예를 들어 3000rpm) 중심으로 산포를 보이면서 항상 3000rpm 근처의 값을 갖게 되어 속도 오차가 발생하게 된다.

이 방법을 사용하여 Motor의 속도제어 계통을 구성한다면 속도의 편차가 제품성능에 악영향을 미칠 수 있다.

예를 들어 Audio 기기의 Turn Table의 속도 제어에 사용되는 경우 속도가 느리고 빠름에 따라 소리가 늘어지거나 오리 소리 같아지는 등의 문제가 생기게 되고 Turn Table 제품으로서의 가치는 전혀 없게 될 것이다. 이러한 제어 계통을 개 루프 제어계(Open Loop Control System)라 한다.

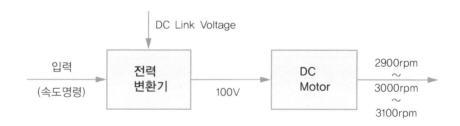

1.4.2 폐 루프 제어계(궤환 제어계)

제어변수(출력) $y(t)$가 측정되고 궤환(되먹임)되어 기준입력과 비교되고, 그 오차에 비례하는 동작신호가 오차를 줄이도록 계통을 통하여 가해진다.

이러한 궤환(되먹임)경로를 하나이상 갖고 있는 계통을 **폐 루프 제어계** (Closed Loop Control System)라고 하며, **궤환 제어계**(Feedback Control System)라고도 한다.

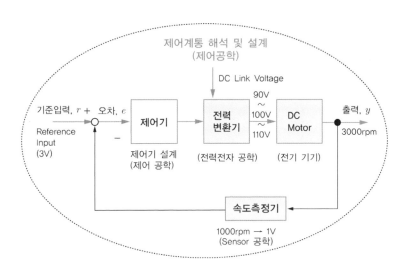

앞에서 예를 든 Turn Table의 속도 제어에 궤환제어(Feedback Control)를 적용하는 경우 Motor마다 특성의 차이가 있더라도 Turn Table의 속도제어 성능은 3000 rpm 으로 제어 가능하고 제품의 성능이 신뢰성 있게 향상될 수 있다.

이것이 바로 제어공학의 가치이며 제어공학을 연구하는 이유라고 할 수 있다.

앞에서 설명한 개 루프 제어계와 비교하면, 출력은 3000 rpm 으로 제어되는 반면에 Motor에 가해지는 전압은 Motor의 특성 편차에 따라 정확한 100 V가 아닌 전압, 예를 들어 90 ~ 110V 사이의 전압이 되게 된다.

위 그림에서 표현된 각각의 연구 분야에 대한 더 상세한 설명을 통하여 제어공학 분야에 대한 전반적인 이해도를 높일 수 있을 것이다.

1) Sensor 공학

관심을 가지는 어떤 물리량 여기서는, 제어변수(출력) $y(t)$ 가 공학적으로 충분히 정확하고 정밀하게 측정되도록 하는 기술과 관련된 분야이다. 1000 rpm의 속도가 정해진 오차범위(예를 들어 ±0.01%) 내에서 1 v로 측정 된다고 할 때, 기준입력 3 v 는 3000 rpm 속도 명령이 될 것이다. 기준입력에서 0.1 v 차이는 속도로 100 rpm을 의미하게 된다는 사실을 주목하자. 이에 비하여 전원전압의 변동은 여러 원인에 의하여 항상 수반되며 이는 동일 사양(Specification)인 Motor의 개별적인 특성 차이로 인한 제어 성능 저하와 마찬가지로 극복되어야 할 대상인 것이다.

2) 전력전자공학(電力電子工學, Power Electronics)

전원 전압, 전류의 크기와 주파수를 요구 되는 형태로 변환하는 기술을 연구하는 분야이다. 실제 전력변환은 전력용 반도체 소자의 Switching에 의하여 구현되며 이것을 위한 구동신호의 발생과 신호처리는 Micro Computer 나 DSP(Digital Signal Processor)로 대표되는 Digital 회로와 Analog 회로를 통하여 구현된다. 예를 들어 속도 명령의 변화, 전압변동에 의한 DC Link 전압의 변동에 따른 속도변화, 동일 사양(Specification)인 Motor의 개별적인 특성 차이 등으로 오차 신호의 크기가 바뀌는 경우 전력변환 장치는 Motor에 가해지는 전압을 변경하여 속도를 변경하여 오차신호가 감소할 수 있도록 하게 되는 것이다.

3) 전기기기(電氣機器, Electric Machinery)

전기에너지에서 기계에너지로(Motor), 기계에너지에서 전기에너지로(발전기), 전기에너지에서 전기에너지(변압기)로 상호간에 에너지 변환을 하는 장치를 연구하는 분야

4) 제어공학(制御工學, Control Engineering)

제어계통을 구성하는, 앞에서 언급된 각각의 구성 부분을 적절히 Modelling 하고 성능 요건을 만족시키는 제어기를 선택, 설계하고 원하는 출력 성능이 얻어지도록 제어기가 제대로 설계되었는지를 확인하기 위한 해석 등의 기술을 연구하는 분야.

02 수학적 기초

2.1 | 수(數)에 대한 고찰

2.1.1 수(數, Number)가 갖는 기능(또는 수의 자격 요건)

세상 만물 간에 일어나는 모든 현상을 구체적으로 표현하고 이해하는데 기여하는 기능을 수의 본질로 생각 할 수 있다.

2.1.2 수 개념의 발명

수 개념의 발명을 논하기에 앞서 발견과 발명의 차이점에 대하여 생각하여 보자.

발견 이미 존재하는 어떤 것을 찾아내는 것을 말한다.
예를 들면 새로운 섬이나 대륙을 찾은 경우는 지리적인 발견, 새로운 행성을 찾은 경우는 천문학적인 발견, 새로운 생물종을 찾은 경우는 생물학적인 발견이 될 것이다. 자연과학분야에서 새로운 원리를 알아냈다면 이미 존재하는 자연계의 원리를 찾아낸 것으로 볼 수 있으니 발견이라고 하여야 할 것이다.

발명 지금까지 존재하지 않았던 어떤 것을 만들어 내는 것을 말한다.
예를 들어 원시 인류가 자연수라는 수 체계를 만든 것이 발명이라 할 수 있으며 현대 사회에서 응용과학, 공학 분야에 종사하는 공학자(Engineer)들이 만들어 내는 새로운 물건들은 모두 발명의 범주에 속하는 것으로 볼 수 있다.

(1) 자연수(自然數, Natural Number): 1, 2, 3, 4, ····

원시 인류가 인지가 발달하면서 자연발생적으로 인식한 수 체계, 사냥한 동물의 수, 채집한 식물의 수를 따지는데 유용했을 것이다.

기능   채집 또는 사냥한 동식물의 수 표현

(2) 음의 자연수: −1, −2, −3, −4, ····

사냥을 하지 못했을 경우 사냥물을 빌어 왔다가 나중에 갚는 경우 등이 발생했을 것이며 이로부터 갚아야 할 것이 있는 상태(결핍상태) 등을 나타내는데 유용하였을 것이다.

(3) 영(0)의 개념

영(0, Zero)의 개념은 미적분학을 비롯한 현대 수학 개념의 발상지이며 지금도 수학 연구 분야에서 선진적인 서구 세계에서 발명된 것 일까 ?

뜻 밖에도 인도(India)에서 영(0)의 개념이 만들어졌다. 인도를 비롯한 아랍 세계는 수학 뿐 아니라 다양하고 찬란한 문명의 발원지 이다. 영(0)의 개념이 없었다면 편리한 10진수 체계, 현대 Digital 문명의 근간이 되는 2진수 체계도 있을 수 없다는 생각을 하면 영(0) 개념의 발명이 인류 문명에 기여한 바가 어느 정도인지 가늠할 수 있을 것이다.

이상의 내용을 종합하면 다음과 같이 정수(整數)의 개념을 생각할 수 있다.
① 정수(整數, Integer) : 자연수, 영, 음의 자연수
   정수의 개념에서 한 단계 더 진전된 실수의 개념을 아래와 같이 생각해 보자.
② 실수(實數, Real Number) :
   ··· , −2.5, −2, −1.5, −1, −0.5, 0, 0.5, 1, 1.5, 2, 2.5, ···

2명이 사냥을 나가서 3마리의 멧돼지를 잡아왔을 경우, 한 마리씩 나누고 나머지 한 마리는 반씩 나눈다면 자연스럽게 1보다 작은, 즉 1의 절반인 0.5의 개념이 생겼을 것이다. 여기까지의 수체계로 인류는 기본적인 일상생활에서 필요한 수에 대하여 충족감을 느낀 것으로 생각된다.

이는 실수(實數, Real Number)라는 명칭으로부터도 상상, 유추할 수 있다. "實數(Real Number)라는 명칭에서 실세계 에서 일어나는 모든 현상을 설명, 이해 할 수 있다는 자신감이 느껴진다."

• 수직선(數直線) : 실수(實數)는 아래 그림에 보는 바와 같이 직선(直線)상 의 점과 1 대 1 대응이 되어 표현될 수 있다.

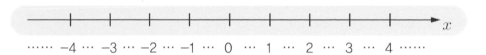

수직선(數直線)은 글자 그대로 (實)數를 표현하기 위하여 사용된 直線 이 라는 의미로 생각할 수 있다.

• 유리수(有理數, Rational Number) 와 무리수(無理數) : 실수는 다시 유리수 (有理數) 와 무리수(無理數)로 나누어 생각할 수 있다. 유리수(有理數)는 두 정수의 비(比)로 나타낼 수 있는 수이고 무리수(無理數)는 그렇지 않은 수를 말한다.

> **주의** 영어로 표현된 Rational Number를 번역하면서 유리수(有理數)로 굳어져서 일반적인 용어가 되었다. 그런데 실제로 "두 정수의 비(比)로 나타낼 수 있는 수"라는 의미로 본다면 유비수(有比數)가 제대로 된 용어라고 볼 수 있으며 실제로 그러한 주장이 있음을 알아두기 바란다. 이 경우 당연히 무리수(無理數)는 무비수(無比數)로 불러야 할 것이다.

다음의 수들이 有理數(또는 有比數) 인지 無理數(또는 無比數) 인지 그이유와 함께 설명
하시오.

$\dfrac{2}{5}$, 3 : $\dfrac{2}{5}$ 는 정수 2와 5의 비(比)로, 3은 정수 3과 1의 비(比)로 표현될 수 있으므로

有理數(또는 有比數)이다.

π : π는 $3.14159265\cdots$ 와 같이 끝없이 이어지는 수(數)이다. 따라서 정수의 비로 나타
낼 수가 없으며 無理數(또는 無比數)이다.

2.1.3 복소수 개념의 발명

그러나 대수 방정식(2차 방정식, 3차 방정식)의 해를 연구하면서 수학자들
은 큰 난관에 봉착하게 된다.

2차 방정식 $ax^2 + bx + c = 0$ 의 풀이 과정을 간단히 소개하면 다음과 같다.

$ax^2 + bx + c = 0$의 양변을 a로 나누면 다음과 같다.

$$x^2 + \frac{b}{a}x + \frac{c}{a} = 0$$

$(x+k)^2 = x^2 + 2kx + k^2$의 완전제곱식 관계를 생각하여 2차 항을 완전제곱
식 형태로 표현하기 위하여 다음과 같이 표현한다.

$$x^2 + \frac{b}{a}x + (\frac{b}{2a})^2 - (\frac{b}{2a})^2 + \frac{c}{a} = 0$$

위 식의 2차 항을 완전제곱식 형태로 표현하고 정리하면 아래와 같다.

$$(x + \frac{b}{2a})^2 = (\frac{b}{2a})^2 - \frac{c}{a}$$

제곱 항을 풀어서 정리하면 다음과 같다.

$$x + \frac{b}{2a} = \pm \sqrt{(\frac{b}{2a})^2 - \frac{c}{a}} \rightarrow x = -\frac{b}{2a} \pm \sqrt{\frac{b^2 - 4ac}{(2a)^2}}$$

이 식을 정리하면 2차 방정식의 근의 공식을 아래와 같이 얻는다.

$$x = \frac{-b \pm \sqrt{b^2 - 4ac}}{2a}$$

여기에서 제곱근호 안의 $b^2 - 4ac$의 부호에 따라서 다음과 같은 경우를 생각할 수 있다.

$b^2 - 4ac \geq 0$: 두 개의 실수 근

$b^2 - 4ac < 0$: ?

실수 체계에서는 임의의 실수를 제곱해서 음이 되는 경우는 생각할 수가 없다. 즉, 실수를 제곱하면 항상 양이 되는 것이다.

그렇다면 $b^2 - 4ac < 0$가 되는 경우 어떻게 할 것인가?

만약, 이 단계에서 포기하였다면 인류의 문명은 실수 체계라는 장애물에 갇혀서 더 이상의 진보가 없었을 것이다. 그러나 발상을 전환하여 그 한계를 뛰어넘는 새로운 수의 개념을 생각하고 그 새로운 수 개념이 "세상 만물 간에 일어나는 모든 현상을 구체적으로 표현하고 이해하는데 기여하는 기능"을 갖는다면 새

로운 수 가족의 일원(Member of Number Family) 으로 받아들일 수 있지 않을까?

실제로 수학자들은 포기하지 않고 제곱해서 −1이 되는 수를 생각하고 허수 (Imaginary Number : 글자 그대로 상상의 수) i 라고 표시하였다.

즉 $i^2 = -1$ 또는 $i = \sqrt{-1}$ 이다.

이렇게 하면,

$b^2 - 4ac < 0$ 인 경우 이차방정식의 근은 다음의 형태가 된다.

$$x = \frac{-b}{2a} \pm \frac{\sqrt{4ac - b^2}}{2a} i$$

$$= \sigma \pm iw$$

복수(複素)수[Complex number] : 실수부와 허수부라는 두 개의 要素로 이루어진 수

> **주의** 전기전자공학 분야에서는 소문자 i를 전류를 표시하는데 사용하고 있기 때문에 혼동을 피하고자 단위허수를 표현하는데 일반적으로 소문자 j를 대신 사용한다.

> **주의** 3차 방정식의 근은 Scipione del Ferro(1456–1526)와 Niccolo Tartaglia(1499 –1557)라는 사람이 구해낸 것으로 알려져 있다. 이것을 Girolamo Cardano (1501–1576)가 Niccolo Tartaglia로부터 전수 받은 후, 본인의 저서에 더 일반적인 형태로 정리하여 소개하였기 때문에 후일 카르다노의 공식이라는 이름을 3차방정식의 근의 공식에 붙이게 되었다. 실제로는 3차 방정식의 근의 공식에서 허수의

개념이 처음으로 등장한다. 책의 제목이 거창하게도 Ars Magna (대단한 또는 위대한 기법)인데 얄궂게도 저자는 책에서 허수가 3차 방정식의 근을 구하는 용도 외에는 아무짝에도 쓸모가 없다고 친절히 설명하고 있다고 한다.

2.1.4 복소수(Complex Number)의 기능

그러면 앞에서 설명한 복소수(複素數, Complex Number)는 2차 방정식의 근으로서 만의 기능 외에 수의 본질로 설명했던 "세상 만물 간에 일어나는 모든 현상을 구체적으로 표현하고 이해하는데 기여하는 기능"은 없는 것인가?

만약 그렇다면 복소수라는 개념을 생각(발명, 창안)해낸 실제적인 의미는 사실상 없다고 볼 수 있을 것이다.

실제로 복소수의 개념은 현대과학, 공학(전기전자공학, 기계공학 등)에서 다루는 초고주파 및 광파를 포함하는 전자파, 교류회로 이론, 음향, 진동 현상에서의 주요 개념을 설명하고 계산하는데 유용하게 사용된다. 따라서 수가 갖추어야할 기본요건을 유감없이 갖추고 있음을 알 수 있다.

여기서, 다시 실수(實數)에 대한 (실)변수((實)變數)의 개념과 이에 상응하는 복소수(複素數)에 대한 복소 변수(複素 變數)의 개념을 정리하여 보자.

실수 a (일정한 실수 상수 값을 나타냄)
(실)변수 x (어떤 임의의 실수 값을 취할 수 있다.)
복소수 $a+jb$
복소 변수 $\sigma+jw$ 또는 $x+jy$

복소수를 하나의 수 $s_1 = a+jb$ 로 표시하고
복소 변수를 역시 $s = \sigma+jw$ 또는 $z = x+jy$ 로

하나의 변수로 대표하여 표시하기도 한다. 그러나 이 경우 s_1은 복소수 s 또는 z는 복소 변수로서 반드시 명기한다.

여기서 복소 변수로서 $s = \sigma + jw$ 를 사용하는 경우를 생각해 보자. 앞에서 복소수가 현대 과학과 공학에서 초고주파 및 광파를 포함하는 전자파, 교류회로 이론, 음향, 진동 등 주로 파동 현상을 이해하고 설명하는데 유용하게 사용된다고 설명하였다.

그런데 파동 현상을 다루는데 있어서 복소수의 허수부가 파동의 주파수를 나타내게 되기 때문에 허수부를 나타내는 변수로서 w를 사용하고 있으며 이렇게 함으로써 한층 이해에 도움이 될 수 있음을 알 수 있다. 한편 복소수의 실수부 σ는 파동의 크기(진폭)에서의 감쇄를 나타내게 된다.

전체적으로 $s = \sigma + jw$를 복소 주파수(complex frequency) s 라고 한다.

여기서 파동 현상을 이해하는데 핵심이 되는 몇 가지 용어를 확인해 보도록 하자.

- 주기파(Periodic wave) : 일정한 형태가 계속 반복되는 파형.
- Cycle : 주기파에서 반복되는 일정한 형태로서 최소 단위.
- 주파수(Frequency) : 주기파에서 반복되는 파형의 빈도수, 1초당 Cycle의 개수로서 표시한다. (단, 파동을 표현하는 함수의 독립변수가 시간인 경우라야 하며 전기/전자공학에서 다루는 대부분의 신호는 시간의 함수이므로 이에 해당된다.) 따라서 주파수의 단위는 [cycle/sec]를 사용하며 전자파 현상을 연구하여 크게 공헌한 학자의 공적을 기려서 그 이름으로부터 [Hertz]또는 [Hz]라는 단위를 일반적으로 사용한다. 그러나 본질적인 주파수의 개념을 생각하면 [cycle/sec]를 먼저 떠올려 주기를 바란다.
- 주기(Period) : 한 Cycle 이 차지하고 있는 시간.

예제

주파수가 1 kHz 인 파동에는 1 sec 에 (　　) 개의 Cycle 이 포함된다. 따라서, 1 개의 Cycle이 차지하고 있는 시간 즉 주기는 (　　) sec 가 된다.

2.1.5 실수(實數)의 표현과 실함수(實函數, Real Function)

① 실수 : 실수는 수직선(數直線)상의 점과 1 대 1 대응이 되어 표현될 수 있다.

$$\cdots\cdots -4 \cdots -3 \cdots -2 \cdots -1 \cdots 0 \cdots 1 \cdots 2 \cdots 3 \cdots 4 \cdots\cdots$$

② function : 기능 $x \rightarrow f(x)$　**예** $x \rightarrow x^2$, $x \rightarrow \sin x$

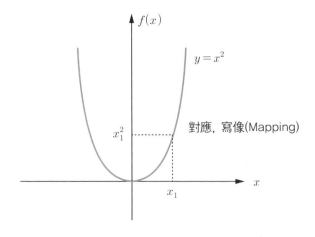

③ **函數** : 函(상자, Box), 한국/중국에서 사용하는 용어

④ **關數** : 關(관계, Relation), 일본에서 사용하는 용어

⑤ 定意域(Domain) : 함수가 定意 되는 독립변수의 영역

⑥ 値域(Range) : 함수 값이 차지하는 영역

예제

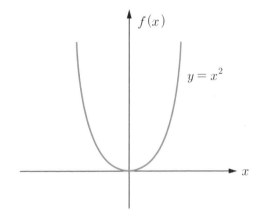

• 정의역(Domain) : $-\infty < x < \infty$

• 치역(Range) : $y \geq 0$

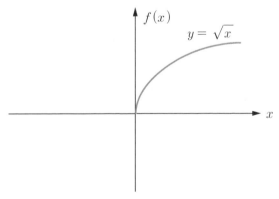

• 정의역(Domain): $x \geq 0$

• 치역(Range): $y \geq 0$

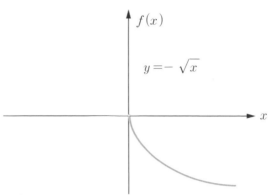

- 정의역(Domain) : $x \geq 0$
- 치역(Range) : $y \leq 0$

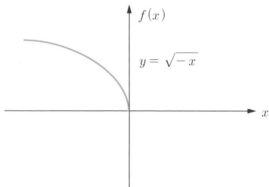

- 정의역(Domain) : $x \leq 0$
- 치역(Range) : $y \geq 0$

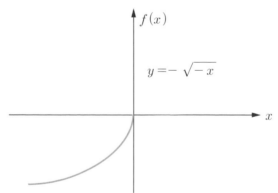

- 정의역(Domain): $x \leq 0$
- 치역(Range): $y \leq 0$

공학(Engineering) 분야에서는 임의의 시간에 신호 또는 입력을 가하고 그 시점부터 경과하는 시간을 측정하여 다루는 경우가 많다. 그 임의의 신호가 직류 값으로 크기가 1 인 경우 **단위계단 함수**(Unit Step Function) 이라 부르며 아래 그림과 같이 표현된다.

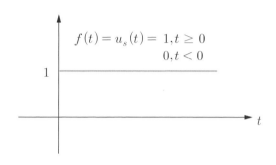

그 정의역(Domain) 과 치역(Range)은 다음과 같다.

- 정의역(Domain): $t \geq 0$
- 치역(Range): $f = 1$

시간영역 해석과 설계(Time Domain Analysis and Design)라는 표현에서 시간영역(Time Domain)이라는 표현은 독립변수가 시간인 함수 다시 말해서 정의역(Domain)이 시간인 경우를 의미함을 상기해 두도록 하자.

> **주의** 제어공학 분야에서는 대부분의 입력이 단위계단 함수(Unit Step Function) 입력이거나 또는 그 것이 약간 변형된 형태라고 볼 수 있는 경우가 많다. 따라서 단위계단 함수 (Unit Step Function) 입력에 대한 계통의 출력을 연구하는 것은 단순히 여러 입력중 하나의 것에 대한 출력을 구하는 것 이상의 매우 중요한 의미를 지닌다는 사실을 강조하고자 한다.

유리함수(有理函數, Rational Function): 다항식의 비(比)로 나타낼 수 있는 즉, 분자 다항식과 분모 다항식의 비(比)로 나타낼 수 있는 함수를 말한다. 예를 들면,

$$\frac{s+1}{s^2+5s+6}$$ 과 같이 표현되는 경우가 유리함수(有理函數)이다.

> **주의** 유리함수(有理函數)가 표준 용어로서 정착되어 있다. 그러나, 유리수(有理數)와 유비수 (有比數)의 경우와 마찬가지로 "두 다항식의 비(比) 즉, 분자 다항식과 분모 다항식의 비(比)로 나타낼 수 있는 함수"라는 의미로 본다면 유비함수(有比函數)가 제대로 된 용어라고 볼 수도 있음을 알아두기 바란다.

2.1.6 복소수의 표현과 복소함수

(1) 복소수 : 실수 2개(실수부, 허수부)

복소평면(復素平面) : 실수(實數)는 수직선(數直線)상의 점과 1 대 1 대응이 되어 표현될 수 있으며 복소수는 실수부 실수 하나 허수부 실수 1개씩에 대하여 각 각 1개씩 수직선(數直線)이 대응되어 표현된다.

서로 수직(垂直)인 두 개의 수직선(數直線)은 평면을 이루고 복소수는 이 평면상의 한 점으로 대응되어 표현된다. 복소수가 표현되는 평면을 복소평면(復素平面, Complex Plane)이라 한다.

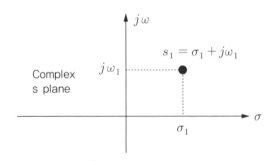

> **주의** 수직선(數直線)은 글자 그대로 (實)數를 표현하기 위하여 사용된 直線 이라는 의미로 생각할 수 있다. 복소평면(復素平面) 역시 글자 그대로 復素數를 표현하기 위하여 사용된 平面 이라는 의미로 생각할 수 있다. 두 단어가 만들어진 원리가 결국은 동일하다는 사실에 주목하라.

(2) 복소함수(Complex Function)

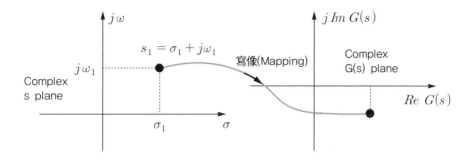

- 정의역(Domain) : complex s plane
- 치역(Range) : complex G(s) plane

모든 복소수 s 값에 대하여 하나 이상의 대응되는 G(s)가 존재하면 G(s)를 복소변수 s의 복소함수라 한다.

$$s = \sigma + j\omega \quad \boxed{G(s)} \quad G(s)$$

$$G(s) = \underbrace{Re\ G(s)}_{G(s)\text{의 실수부}} + \underbrace{Im\ G(s)}_{G(s)\text{의 허수부}}$$

여기서, 주파수 영역 해석과 설계(Frequency Domain Analysis and Design)라는 표현을 생각해 보자. 주파수 영역(Frequency Domain) 이라는 표현은 독립변수가 복소 주파수 s 인 함수 다시 말해서, 정의역(Domain)이 복소 주파수 s 인 복소함수를 다루는 경우를 의미함을 상기해 두도록 하자.

$G(s) = \dfrac{1}{s+1}$ 로 주어진 함수에 대하여 생각해보자.

$s = \sigma + jw$ 에 대하여 정리하면 다음과 같다.

$$G(s) = \frac{1}{\sigma+1+jw} = \frac{(\sigma+1)-jw}{(\sigma+1)^2+w^2}$$

$$= \underbrace{\frac{\sigma+1}{(\sigma+1)^2+w^2}}_{Re\ \ G(s)} + j\underbrace{\frac{-w}{(\sigma+1)^2+w^2}}_{Im\ \ G(s)}$$

2.2 | 방정식(方程式) 이란 무엇인가? : 미분 방정식

2.2.1 Equation 의 의미

우선 방정식(方程式)에 해당하는 영어 표현 Equation의 의미를 생각해 보자.

- equal : A is equal to B

  " · · · · · · 와 같은" 의미를 갖는 형용사(形容詞)
- equate : "같게 놓다"라는 의미를 갖는 동사(動詞)
- equation : "같게 놓음"의 의미를 갖는 명사(名詞)

미지수를 포함하는 임의의 양(즉 수식표현)과 또 다른 양(또는 수식 표현)이 자연 법칙, 경제원리 등에 의하여 같게 될 때 이것을 등호로 같게 놓아 수식으로 표현한 것이 equation 이다.

2.2.2 方程式(Equation)

- **方** : 4각형의 일부와 같이 각이진 형태
- **程** : "헤아리다"

옛날 중국의 상인들이 상거래에서의 계산을 위해(각이 진) 사각모양의 산판 위에 계산에 필요한 도구(돌, 막대기 등)들을 올려놓고 계산을 한 것에서 유래 한 표현이다. 물건의 값과 지불된 돈과 거스름 돈의 관계를 계산(물건의 값과 거스름 돈의 합이 지불된 돈과 같아지도록 놓음으로써) 한다는 의미에서 글자 그대로 Equation (같게 놓음)의 의미와 통하는 데가 있다고 하겠다.

방정식이 만들어지는 몇 가지의 경우에 대하여 함께 생각해보자.

① 경제원리(상거래의 원리)

어떤 사람이 백화점에서 x 원하는 물건 2개 y 원하는 물건 5개를 사고 5000 원을 내고 거스름돈 500원을 받았다.

다른 사람이 x 원하는 물건 3개 y 원하는 물건 3개를 사고 4000원을 낸 후 거스름돈을 400원을 받았다면 다음의 방정식을 세울 수 있다.

$$2x + 5y + 500 = 5000$$
$$3x + 3y + 400 = 4000$$

정리하면 다음과 같다.

$$2x + 5y = 4500$$
$$3x + 3y = 3600$$

미지수가 2개(x, y)인 2원 1차 연립 대수 방정식이 만들어 진다.

여기서 **대수 방정식**(Algebraic Equation)은 미지수와 상수의 4칙 연산만으로 이루어진 방정식을 말한다.

해는 Cramer's Rule을 이용하여 구할 수 있다.

$$x = \frac{\begin{vmatrix} 4500 & 5 \\ 3600 & 3 \end{vmatrix}}{\begin{vmatrix} 2 & 5 \\ 3 & 3 \end{vmatrix}}$$

$$= \frac{4500 \times 3 - 3600 \times 5}{6 - 15} = \frac{13500 - 18000}{-9} = \frac{-4500}{-9} = 500$$

$$y = \frac{\begin{vmatrix} 2 & 4500 \\ 3 & 3600 \end{vmatrix}}{\begin{vmatrix} 2 & 5 \\ 3 & 3 \end{vmatrix}}$$

$$= \frac{3600 \times 2 - 4500 \times 3}{-9} = \frac{7200 - 13500}{-9} = \frac{-6300}{-9} = 700$$

② 전기회로(KVL: Kirchhoff's Voltage Law)

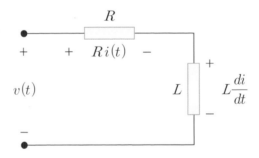

위 그림과 같은 회로에서 Kirchhoff's Voltage Law에 의하면 다음과 같이,
[저항과 Inductor에 걸리는 전압의 합] (equate) [회로에 가해준 전압]
관계가 되도록 같게 놓음으로써 다음의 관계식을 얻을 수 있다.

$$R\,i + L\,\frac{di}{dt} = v(t)$$

한편, 방정식(Equation)의 좌변이나 우변에 종속변수의 미분 항이 존재하면 미분방정식(Differential Equation)이라 한다.

③ 직류전동기(DC Motor)

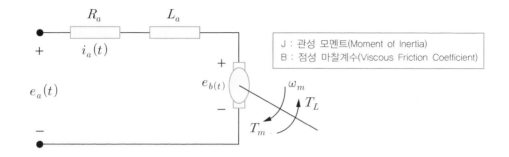

J : 관성 모멘트(Moment of Inertia)
B : 점성 마찰계수(Viscous Friction Coefficient)

$T_m = K_t\, i_a$: Motor에서 생성된 Torque

$e_b = K_b\, w_m$: Motor 회전자의 회전에 의하여 발생된 역기전력

$$R_a\, i_a + L_a \frac{di_a}{dt} + K_b\, w_m = e_a$$: Electrical circuit equation

$$J\frac{dw_m}{dt} + B\, w_m + T_L = K_t\, i_a$$: Mechanical torque-speed equation

w_m : 전동기 속도

i_a : 전류

K_t : Torque 상수

K_b : 역기전력 상수

T_L : 부하 Torque

이상의 결과 역시 전류와 motor speed의 미분 항을, 같게 놓은 부분(Equation)의 좌변이나 우변 항에 포함하고 있으므로 역시 미분 방정식 형태가 되는 것이다.

여기서, 관성 모멘트(Moment of Inertia)와 점성 마찰계수(Viscous Friction Coefficient)에 대하여 좀 더 생각하여보자.

(1) 관성 모멘트(Moment of Inertia)

우선 뉴턴 역학(Newtonian Mechanics)의 기본 법칙을 생각해보자.
1) 힘과 가속도의 법칙
2) 관성의 법칙
3) 작용 반작용의 법칙

이 중에서 2) 관성의 법칙은 다음과 같다.

모든 물체는 외부에서 힘이 가해지지 않는 한 그 운동 상태를 계속 유지하려고 한다.

따라서 관성의 법칙은 물체의 운동 상태를 바꾸려면 외부에서 직선 운동의 경우에는 힘(Force)을 회전 운동의 경우에는 회전 에너지(Torque)를 가해주어야 함을 의미한다. **관성 능률(慣性 能率)** 또는 **관성 모멘트**(Moment of Inertia)는 회전할 수 있는 물체의 회전 상태를 바꿔 주기 위하여 즉, 각속도의 변화를 유발하기 위하여 얼마만큼의 회전 에너지(Torque)가 필요한 지를 나타내는 척도라 할 수 있다.

아래와 같이 반경(r_1, r_2)은 서로 다르고 두께(h)는 같은 두 개의 원판 형상의 구조물을 생각하자. 여기서 ρ 를 물체의 무게 밀도, M 을 물체의 질량, W 를 물체의 무게, g 를 중력 가속도라 하면 관성 모멘트(Moment of Inertia) J 는 다음과 같다.

$$J = \frac{1}{2} M r^2$$

물체의 무게는

$$W = \rho(\pi r^2 h)$$

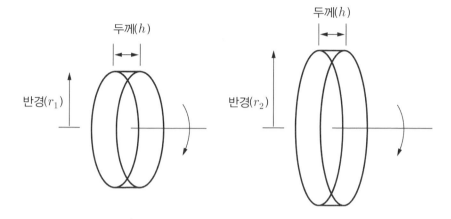

이므로 물체의 질량은

$$M = \frac{\rho(\pi r^2 h)}{g}$$

로 계산되며 최종적으로 관성 모멘트(Moment of Inertia) J 는 다음과 같이 표현된다.

$$J = \frac{1}{2} \frac{(\rho\pi) h r^4}{g}$$

즉, 원판형상의 구조물의 관성 모멘트(Moment of Inertia)는 물체의 반경의 4제곱에 비례하고 두께에 비례함을 알 수 있다.

일반적으로 관성 모멘트(Moment of Inertia)가 $J[Nm/(rad/\sec^2)]$인 경우 회전체의 각 속도(ω_m)에 변화를 주기 위해서는

$$T_J = J \frac{d\omega_m}{dt}$$

의 회전 에너지(Torque)가 필요하다.

예제

철(Steel)과 알루미늄(Aluminum)으로 이루어진 반경 $r\ [m]$, 두께 $h\ [m]$인 원판 형상의 구조물의 관성 모멘트(Moment of inertia) J 를 구해보자.

철(Steel)의 경우 철(Steel)의 무게 밀도를 ρ 라 할 때, 질량 밀도 ρ/g는 7836. 7836.87 $[kg/m^3]$ 이다. M 을 물체의 질량, W 를 물체의 무게, g 를 중력 가속도라 하면 관성 모멘트(Moment of Inertia) J 는 다음과 같다.

$$J = \frac{1}{2} M r^2 = \frac{1}{2} \frac{W}{g} r^2$$

$$= \frac{1}{2} \frac{(\rho\pi)hr^4}{g} = 12303.89\ h\ r^4\ [kg\ m^2]$$

알루미늄(Aluminum)의 경우 알루미늄(Aluminum)의 무게 밀도를 ρ 라 할 때, 질량 밀도 ρ/g 는 2698.79 $[kg/m^3]$ 이다. M 을 물체의 질량, W 를 물체의 무게, g 를 중력 가속도라 하면 관성 모멘트(Moment of Inertia) J 는 다음과 같다.

$$J = \frac{1}{2} M r^2 = \frac{1}{2} \frac{W}{g} r^2$$

$$= \frac{1}{2} \frac{(\rho\pi)hr^4}{g} = 4237.1\ h\ r^4\ [kg\ m^2]$$

(2) 점성 마찰계수(Viscous Friction Coefficient)

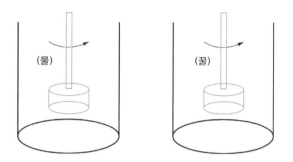

우선 점성(粘性, Viscosity)에 대하여 알아보자. 위 그림에서와 같이 하나의 그릇에는 물(Water)이 다른 그릇에는 꿀(Honey)이 들어있는 경우를 생각해 보자.

원통형 물체가 그릇 속에서 회전운동을 하는 경우에 두 물체의 회전속도가 같다고 가정하고 회전운동을 방해하는 정도를 생각하자. 물 보다는 꿀이 담긴 용기에서 회전하는 물체에 대하여 끈적끈적하게 회전운동을 방해하는 정도가 더 큰데, 이러한 성질을 점성(粘性, Viscosity)이라하며 회전하는 물체가 필요로 하는 회전 에너지를 나타내는 척도로서 점성 마찰계수(Viscous Friction Coefficient)가 사용된다.

일반적으로 점성(粘性, Viscosity)은 액체뿐만 아니라 기체, Bearing 등 고체 부분의 기계적인 접촉(Mechanical Contact)등을 포함하여 회전체와 마찰 현상을 가지는 모든 대상을 망라하여 생각할 수 있다.

일반적으로 점성 마찰계수(Viscous Friction Coefficient)가 $B[Nm/(rad/\sec)]$ 인 마찰을 이겨내고 회전체가 회전하기 위해서는

$$T_B = B\,\omega$$

의 회전 에너지(Torque)가 필요하다.

2.3.1 미분 또는 도함수(微分 또는 導函數, Derivative)의 개념

함수 $f(t)$의 미분(微分, Derivative)은 다음과 같이 생각한다.

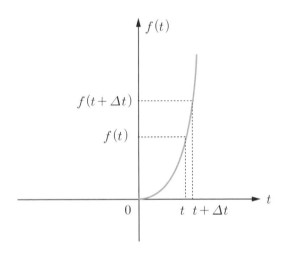

독립변수 t의 미소증분 $\triangle t$ 를 생각하고 독립변수의 증분 $\triangle t$ 에 대한 종속변수 $f(t)$의 미소 변화로 이루어진 기울기를 생각한다.

$$\frac{\triangle f}{\triangle t} = \frac{f(t + \triangle t) - f(t)}{\triangle t}$$

$\triangle t \rightarrow 0$ 이 될때 $\dfrac{\triangle f}{\triangle t}$ 를 생각하여 이를 $\dfrac{df}{dt}$ 즉 $f(t)$의 t에 대한 미분(미소 변화분) (기하학 적으로는 순시 기울기로 볼 수 있다.)이라 한다. 즉,

$$\frac{df}{dt} = \lim_{\triangle t \rightarrow 0} \frac{\triangle f}{\triangle t} = \lim_{\triangle t \rightarrow 0} \frac{f(t + \triangle t) - f(t)}{\triangle t}$$

여러분들은 아마도 고등학교를 다니던 학창시절에 친구중의 누군가가 $\frac{df}{dt}$ 를 dt분의 df라고 읽어서 선생님에게 꿀밤을 맞는 것을 지켜본 기억이 있을 것이다. 일견 $\frac{df}{dt}$ 는 분수라기보다는 미분연산으로서의 의미로 보는 것이 타당해 보인다. 그러나 여기서 강조하고 싶은 것은 그럼에도 불구하고, 분수로서의 속성을 아직도 가지고 있다는 것이다.

따라서 다음의 연산이 가능하다는 사실을 잊지 말자.

즉, $\frac{df}{dt}$ 에 dt 를 곱하는 연산이 가능하며 그 결과는 아래와 같다.

$$\frac{df}{dt}dt = df$$

임의의 함수에 대하여 기하학적인 순시 기울기를 구하는 연산(즉, 미분 연산)의 결과 새로운 함수가 유도(誘導)되어(Derive) 구해진다는 의미를 담아 Derivative 즉, 도함수(導函數)라는 용어도 함께 사용한다. 또한 미분 연산은 기하학적으로 순시 기울기로서의 의미를 갖지만 실제 물리적으로는 다양한 의미를 갖게 됨을 주목하자. 예를 들어 역학에서 변위의 미분, 두 번 미분이 우리가 잘 아는 속도, 가속도의 물리적인 의미를 갖는다. 상수 Inductance 값을 가지는 인덕터(Inductor)를 흐르는 전류의 미분은 물리적으로 인덕터 양단의 전압을 의미한다. 상수 Capacitance 값을 가지는 Capacitor 양단 전압의 미분은 물리적으로 Capacitor를 통하여 흐르는 전류를 의미한다. 실제 미분 연산의 물리적인 의미는 미분 개념을 적용하는 모든 경우에 대하여 각각 다양하게 존재할 수 있음을 항상 생각하도록 하자.

$f(t) = t^2$ 일 때

미분의 기본 개념으로부터 다음과 같은 연산이 가능하다.

$$\triangle f = f(t + \triangle t) - f(t) = (t + \triangle t)^2 - t^2 = t^2 + 2t\triangle t + \triangle t^2 - t^2 = (2t + \triangle t)\triangle t$$

$$\frac{df}{dt} = \lim_{\triangle t \to 0} \frac{\triangle f}{\triangle t} = \lim_{\triangle t \to 0} \frac{f(t + \triangle t) - f(t)}{\triangle t} = \lim_{\triangle t \to 0} \frac{t^2 + 2t\triangle t + \triangle t^2 - t^2}{\triangle t}$$

$$= \lim_{\triangle t \to 0} (2t + \triangle t) = 2t$$

◎ 미분 개념의 재미있는 응용 사례

· $\sqrt{17}$ 의 계산

$f(x) = \sqrt{x}$ 에 대하여

$$\frac{\triangle f}{\triangle x} = \frac{f(x + \triangle x) - f(x)}{\triangle x} \cong f'(x)$$

$f'(x) = \frac{1}{2}\frac{1}{\sqrt{x}}$ 임을 이용한다.

$x = 16,\ \triangle x = 1$ 이라면 다음과 같은 연산이 가능하다.

$$\sqrt{17} \cong \sqrt{16} + \frac{1}{2}\frac{1}{\sqrt{16}}(= 4.125)$$

$x = 16,\ \triangle x = 0.1$로 x에 비하여 $\triangle x$가 상대적으로 더 작은 경우를 생각해보자.

· $\sqrt{16.1}$ 의 계산

$f(x) = \sqrt{x}$ 에 대하여

$$\frac{\triangle f}{\triangle x} = \frac{f(x + \triangle x) - f(x)}{\triangle x} \cong f'(x)$$

$f^{'}(x) = \dfrac{1}{2}\dfrac{1}{\sqrt{x}}$ 임을 이용한다.

$x = 16,\ \triangle x = 0.1$ 이라면 다음과 같은 연산이 가능하다.

$$\sqrt{16.1} \cong \sqrt{16} + \frac{1}{2}\frac{1}{\sqrt{16}}0.1\,(=4.0125)$$

로 더 참 값에 가까운 계산 결과를 얻는다.

역시 $x = 81,\ \triangle x = 1$인 경우를 생각해보자.

- $\sqrt{82}$ 의 계산

$f(x) = \sqrt{x}$ 에 대하여

$$\frac{\triangle f}{\triangle x} = \frac{f(x + \triangle x) - f(x)}{\triangle x} \cong f^{'}(x)$$

$f^{'}(x) = \dfrac{1}{2}\dfrac{1}{\sqrt{x}}$ 임을 이용한다.

$x = 81,\ \triangle x = 1$ 이라면 다음과 같은 연산이 가능하다.

$$\sqrt{82} \cong \sqrt{81} + \frac{1}{2}\frac{1}{\sqrt{81}}\,(=9.0555)$$

역시 $x = 81,\ \triangle x = 0.1$로 x에 비하여 $\triangle x$가 상대적으로 더 작은 경우를 생각해보자.

- $\sqrt{81.1}$ 의 계산

$f(x) = \sqrt{x}$ 에 대하여

$$\frac{\triangle f}{\triangle x} = \frac{f(x + \triangle x) - f(x)}{\triangle x} \cong f^{'}(x)$$

$f^{'}(x) = \dfrac{1}{2}\dfrac{1}{\sqrt{x}}$ 임을 이용한다.

$x = 81,\ \triangle x = 0.1$ 이라면 다음과 같은 연산이 가능하다.

$$\sqrt{81.1} \cong \sqrt{81} + \frac{1}{2}\frac{1}{\sqrt{81}}0.1 (= 9.00555)$$

로 오차가 상대적으로 적은 계산 결과를 얻는다.

이 결과들로부터 상대적으로 $\triangle x \rightarrow 0$ 이 되는 조건에 더욱 근접 할수록

$\dfrac{\triangle f}{\triangle x} \rightarrow \dfrac{df}{dx}$ 로 더욱 더 접근해 간다는 것을 알 수 있다.

예제

$u = e^{-st}$ 일 때 du 를 구하라.

$u = e^{-st}$ 로부터 $\dfrac{du}{dt} = -se^{-st}$ 임을 알 수 있다.

여기서 미분은 본질적으로 분수 연산으로서의 속성을 갖고 있음을 염두에 둔다면 양변에 dt 를 곱하는 연산이 가능하며 이로부터 $du = -se^{-st}dt$ 가 얻어진다.

주의 곡선의 접선의 기울기를 구하는 문제는 Pierre de Fermat(1601-1665)라는 프랑스의 수학자가 연구하였다. 이 문제에 대하여는, 좌표를 도입함으로써 해석기하학의 창시자라 할 수 있는 Rene Descartes(1596-1650)도 비슷한 시기에 연구를 하였다. 두 수학자 사이에 논쟁도 있었으나 Pierre de Fermat 의 연구 결과가 우수한 것으로 인정받고 있다. 이 문제는 결국 함수의 미분의 문제이기 때문에 Pierre Simon de Laplace(1749-1827)는 "진정한 미분법의 발견자는 Fermat 이다. Newton은 좀 더 해석적으로 파악했을 뿐이다."라는 말을 남겼다.

주의 Pierre de Fermat(1601-1665)는 Rene Descartes(1596-1650)와 무관하게 해석기하학의 기본원리를 창안하였다. 또한 곡선의 접선에 대한 연구와 극대, 극소점을 찾는 방법을 고안하여 미분법의 창시자로 간주되고 있음은 앞에서 언급하였다. 더 나아가, 가법 과정에 의하여 곡선으로 둘러싸인 부분의 면적을 구하는 공식을 알아냈는데 이것은 현재 적분법에서 얻은 결과와 동일한 것이다. 다만, 미분과 적분이 역연산 과정임을 알고 있었는지는 확실하지 않다고 한다. 여기서 우리가 주목해야할 인물이 Isaac Barrow

(1630-1677)이다. 그는 영국(英國) Cambridge University 의 Lucas座 수학교수 (1663-1669)로서 Isaac Newton의 스승이며 나중에 그에게 그 자리를 물려주기도 하였다. 미분과 적분이 역연산임을 최초로 인식하였으며 그의 〈기하학 강의〉에는 G. W. Leibniz가 나중에 발전시킨 미적분학과 비슷한 요소들이 있었고, 이것은 Newton과 Leibniz 모두에게 영향을 미쳤다. 따라서 미적분학은 Pierre de Fermat가 주춧돌을 놓고 Isaac Barrow가 기둥을 세우고 Isaac Newton과 G. W. Leibniz가 지붕을 만들어서 완성된 (공동 작업의 결과물로서의) 집에 비유할 수 있을 것이다.

2.3.2 편미분(偏微分, Partial Derivative)의 개념

$f(x,y) = 2xy + x + y$ 와 같이 독립변수가 2개 이상인 함수에 대하여 다른 변수는 상수로 간주하고 하나의 변수에 대하여만 미분을 구하는 경우를 편미분 (Partial Derivative) 이라 한다. 변수가 하나인 경우의 미분과 구분하기 위하여 x에 관한 편미분을 $\dfrac{\partial f(x,y)}{\partial x}$, y에 관한 편미분을 $\dfrac{\partial f(x,y)}{\partial y}$와 같이 표현한다.

예제

$f(x,y) = 2xy + x + 2y$에 대하여 x에 관한 편미분을 구하라.

$$\frac{\partial f(x,y)}{\partial x} = 2y + 1$$

예제

$f(x,y) = 2xy + x + 2y$에 대하여 y에 관한 편미분을 구하라.

$$\frac{\partial f(x,y)}{\partial y} = 2x + 2$$

$\dfrac{\partial f(x,y)}{\partial x}$ 를 $f_x(x,y)$ 또는 $f_1(x,y)$ 로 $\dfrac{\partial f(x,y)}{\partial y}$ 는 $f_y(x,y)$ 또는

$f_2(x,y)$ 로 표기하기도 한다.

2.4 | 함수의 적분

2.4.1 Antiderivative(逆 微分)

모든 실수 x에 대하여 $F'(x)=f(x)$가 되는 $F(x)$ 를 $f(x)$의 Antiderivative 라고 한다.

모든 실수 x에 대하여 $F(x)$가 $f(x)$의 Antiderivative 일 때 가장 일반적인 $f(x)$의 Antiderivative는 다음과 같다.

$F(x)+C$, 여기서 C는 임의의 상수이다.

예제

$2\,x$와 $\cos x$의 Antiderivative를 구하라.

x^2+C 는 $2\,x$ 의 Antiderivative 이다.

$\sin x+C$ 는 $\cos x$ 의 Antiderivative 이다.

주의 Antiderivative(逆 微分)와 같은 의미를 갖는 용어로서 Primitive Function즉, 한국어로 원시함수(原始函數)라는 표현을 사용하기도 한다. 이 표현은 임의의 함수에 대하여 기하학적인 순시 기울기를 구하는 연산(즉, 미분 연산)의 결과 새로운 함수가 유도(誘導)되어(Derive) 구해진다는 의미를 담고 있는 Derivative 즉, 도함수(導函數)라는 용어에 대응되어 미분연산을 취하기 이전의 원래 함수라는 의미를 갖고 있다.

참고로 공학 분야에서 자주 접하게 되는 Antiderivative(역 미분, 逆 微分) 또는 Primitive Function(원시함수, 原始函數)에 대하여 그것의 Derivative (미분 또는 도함수, 微分 또는 導函數)를 아래의 표와 같이 정리하였다.

Antiderivative(역 미분) 또는 Primitive Function(원시함수)	Derivative(미분 또는 도 함수)
$x^n + C$	$n x^{n-1}$
$\sin x + C$	$\cos x$
$\cos x + C$	$-\sin x$
$\sin f(x) + C$	$f'(x) \cos f(x)$
$\sin kx + C$	$k \cos kx$
$a^x + C$	$\ln a\, a^x$
$e^x + C$	e^x
$e^{f(x)} + C$	$f'(x)\, e^{f(x)}$
$e^{kx} + C$	$k\, e^{kx}$
$\ln x + C$	$\dfrac{1}{x}$

2.4.2 부정적분(Indefinite Integral)

함수 $f(x)$의 모든 Antiderivative의 집합을 함수 $f(x)$의 부정적분이라고 하며 다음과 같이 표현한다.

$$\int f(x)dx.$$

여기서, $F(x)$ 가 $f(x)$ 의 하나의 Antiderivative 라고 하면 부정적분의 정의에 의하여 다음과 같다.

$$\int f(x)dx = F(x) + C$$

부정적분의 연산은 Antiderivative의 정의를 염두에 두면 다음과 같이 할 수 있다.

$\dfrac{dF}{dx} = f(x)$ 에 대하여 양변에 dx를 곱해주면

$f(x)dx = dF$가 되고 양변에 부정적분 연산(결국 가장 일반적인 Antiderivative 를 취하는 것)을 행하면 다음의 결과를 얻을 수 있다.

$$\int f(x)dx \;=\; \int dF \;=\; F(x) + C.$$

어떤 함수의 부정적분을 구하는 것은 적분기호 내의 함수의 모든 Antiderivative 를 구하는 것임을 기억하고 바로 앞 절의 예제의 결과와 비교해 보도록 하자.

예제

다음 함수의 부정적분을 구하라.

$$2x, \; \cos x, \; (x^2 - 2x + 5)$$

$2x$ 의 하나의 Antiderivative 가 x^2 이므로 부정적분은 $\displaystyle\int 2x \; dx \;=\; x^2 + C$

$\cos x$의 하나의 Antiderivative 가 $\sin x$ 이므로 부정적분은

$$\int \cos x\, dx \;=\; \sin x + C$$

$(x^2 - 2x + 5)$의 하나의 Antiderivative 가 $\dfrac{1}{3}x^3 - x^2 + 5x$ 이므로 부정적분은

$$\int (x^2 - 2x + 5)dx = \frac{1}{3}x^3 - x^2 + 5x + C$$

2.4.3 정적분(定績分, Definite Integral)

아래 그림에서 함수 $f(t)$의 $0 \le t \le t_f$ 영역에서의 면적을 구하는 문제를 생각해보자.

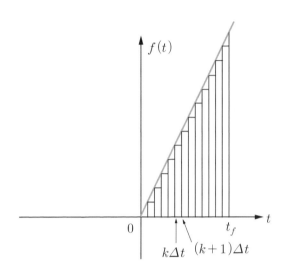

우선 $0 \le t \le t_f$ 구간을 $\triangle t = \dfrac{t_f - 0}{n}$ 과 같이 n 등분 하면,

임의의 k번째 $\triangle t$ 구간이 차지하는 면적은 $f(k\triangle t)\triangle t$ 이고

$0 \le t \le t_f$ 범위내의 면적은

$\displaystyle\sum_{k=0}^{n-1} f(k\triangle t)\triangle t$ 로 근사적으로 표현할 수 있다.

위의 표현에서 독립변수의 미소구간 $\triangle t$는 반드시 등 간격이어야 할 필요는 없으며 함수 값 $f(k\triangle t)$도 역시 미소구간내의 어디에서 계산한 값이라도 상관이 없다. 이렇게 구한 위의 결과를 구간 $0 \le t \le t_f$ 사이의 Riemann Sum(合)이라고 한다. 여기서 구한 Riemann Sum은 실제 면적보다 함수를 나타내는 선의 아래 부분만큼 덜 포함된 근사 면적이 될 것이다.

만약 여기서 분할된 구간의 수를 두 배로 하여 미소 구간 $\triangle t$의 크기를 반으로 줄인다면 면적오차는 아래 그림과 같이 커다란 하나의 삼각형 크기 만큼으로부터 두 개의 작은 삼각형 크기로 감소할 것이다.

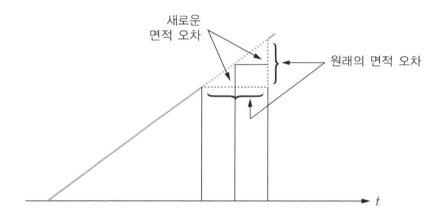

이 Riemann Sum 즉, 근사 면적은$\triangle t \rightarrow 0$의 극한을 취할 때 실제 면적으로 수렴하게 될 것이다.

$$\lim_{\triangle t \rightarrow 0} \sum_{k=0}^{n-1} f(k\triangle t)\triangle t \;\; \rightarrow \; 0 \le t \le t_f \text{ 구간의 } f(t)\text{의 면적}$$

한편, $0 \le t \le t_f$ 범위내의 면적은 아래 그림에서와 같이 독립변수의 미소 구간 $\triangle t$의 끝부분에서 함수 값을 계산한 Riemann Sum $\sum_{k=1}^{n} f(k\triangle t)\triangle t$ 로도 근사적으로 표현할 수 있다.

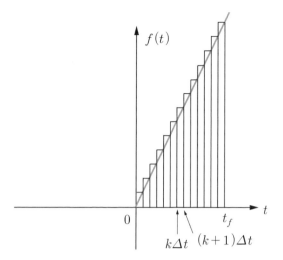

이 Riemann Sum 은 실제 면적보다 함수를 나타내는 선의 위 부분만큼 더 포함된 근사 면적이 될 것이다.

만약 여기서 분할된 구간의 수를 두 배로 하여 미소 구간 Δt의 크기를 반으로 줄인다면 면적오차는 아래 그림과 같이 커다란 하나의 삼각형 크기 만큼으로부터 두 개의 작은 삼각형 크기로 감소할 것이다.

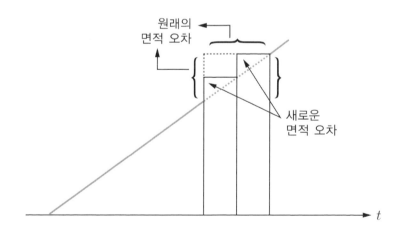

이 근사 면적은 $\Delta t \rightarrow 0$의 극한을 취할 때 역시 실제 면적으로 수렴하게 될 것이다.

$$\lim_{\triangle t \to 0} \sum_{k=1}^{n} f(k\triangle t)\triangle t \quad \to \quad 0 \leq t \leq t_f \text{ 구간의 } f(t)\text{의 면적}$$

여기서 수렴하는 좌측의 두 개 연산들은 같은 값(실제 면적)으로 수렴할 것이다. 앞에서 구한 Riemann Sum의 극한(Limit)을 취한 것이 수렴할 때 $f(t)$의 정적분(Definite Integral)이라 정의하고 다음과 같이 표현한다.

$$\lim_{\triangle t \to 0} \sum_{k=0}^{n-1} f(k\triangle t)\triangle t$$

$$= \lim_{\triangle t \to 0} \sum_{k=1}^{n} f(k\triangle t)\triangle t \Leftrightarrow \int_{0}^{t_f} f(t)dt$$

이 정적분(定積分, Definite Integral)의 기호는 독일의 수학자 Gottfried Wilhelm von Leibniz(1646~1716)가 고안하였다고 알려져 있으며 극한을 취함에 따라 연산의 의미를 다음과 같이 생각할 수 있다.

우선 불연속적인 함수 값 $f(k\triangle t)$는 독립변수의 연속적인 함수 값 $f(t)$로 대치된다. 또한 독립변수의 구간 $\triangle t$ 는 독립변수의 미분 량 dt로 대치된다. 즉 $f(k\triangle t) \Rightarrow f(t)$로 $\triangle t \Rightarrow dt$ 가 되는 것이다.

마지막으로 각각의 양의 합 즉 Riemann Sum 을 구하고 그 합의 극한을 취한 연산을 $\int_{0}^{t_f}$ 로 표시하였는데 $\int$ 는 Sum의 머리글자 S를 형상화(Symbolize)해서 만들었다. 즉 $\lim_{\triangle t \to 0} \sum_{k=1}^{n} \Rightarrow \int_{0}^{t_f}$ 로 표시한 것으로 이해할 수 있으며 이로부터 정적분은 본질적으로 더하기 연산이라는 점을 항상 생각할 수 있도록 하자.

주의 위에서 설명한 바와 같이 Riemann Sum(合)에 기반을 두고 정의된 적분을 Riemann Integral(적분, 積分)이라고 한다.

앞에서 함수가 표현된, 좌표 평면상의 종속변수의 궤적을 표현한 선과 독립변수의 일정 구간 사이에 둘러싸인 부분의 면적을 구하는 방법을 설명하였다. 독립변수의 일정 구간을 n등분하여 나누고 나누어진 작은 사각형들의 합으로 구하는 연산이 결국은 역 미분(Antiderivative) 즉 적분 연산으로 귀결되는데 다음의 예제를 통하여 직관적으로 이해를 높이도록 하자.

예제

함수 $f(t) = a$에 대하여 $0 \le t \le t_f$ 영역에서의 면적을 구하는 문제를 생각해보자.

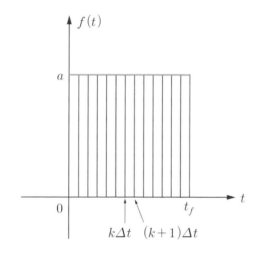

우선 $0 \le t \le t_f$ 구간을 $\triangle t = \dfrac{t_f - 0}{n}$ 과 같이 n 등분 하면,

임의의 k번째 $\triangle t$ 구간이 차지하는 면적은 $f(k\triangle t)\triangle t = a\triangle t$ 이고

$0 \le t \le t_f$ 범위내의 면적은

$$\sum_{k=1}^{n} f(k\triangle t)\triangle t = \sum_{k=1}^{n} a\triangle t$$ 로 표현할 수 있으며 일정한 비율로 계속 증가하는 형태가

됨을 알 수 있으며 그림으로 표현하면 아래와 같다.

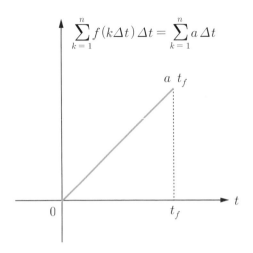

$$\sum_{k=1}^{n} f(k\Delta t)\,\Delta t = \sum_{k=1}^{n} a\,\Delta t$$

이 결과는 아래와 같은 결과와 잘 부합한다는 사실을 주목하도록 하자.

$$\lim_{\Delta t \to 0}\sum_{k=1}^{n} f(k\Delta t)\Delta t = \lim_{\Delta t \to 0}\sum_{k=1}^{n} a\Delta t \iff \int_{0}^{t_f} f(t)dt = \int_{0}^{t_f} a\,dt = a\,t_f$$

2.4.4 정적분(定積分, Definite Integral)의 연산

$G(x)$가 $f(x)$의 하나의 Antiderivative 라면 다음과 같은 표현이 가능하다.

$$G(x) = \int_{a}^{x} f(t)dt.$$

여기서 $\int_{a}^{x} f(t)dt$ 가 독립변수 x의 함수가 되는 이유를 생각해 보자.

아직은 정적분의 연산에 대하여 설명하기 전이니까 여기서 잠시 어떻게

$$G(x) = \int_{a}^{x} f(t)dt$$

인 관계가 성립하는지, 즉

$$\int_a^x f(t)dt$$

가 어떻게 독립변수 x의 함수가 될 수 있을지를 조금은 다른 관점에서 생각하여 보도록 하자.

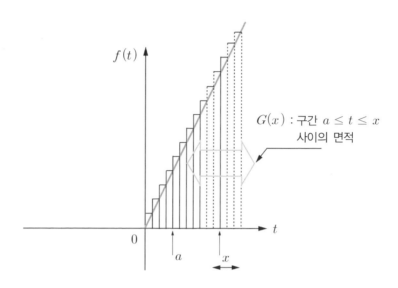

위 그림에서 $\int_a^x f(t)dt$ 연산을 생각해 보자.

이 연산은 구간 $a \le t \le x$ 에서의 면적을 구하는 것으로 생각할 수 있는데 앞에서 설명한 경우와 약간 다른 점은 구간의 상한이 상수가 아니라 변수 x라는 점이다.

위 그림에서 보듯이 면적은 변수 x에 따라서 증감하게 됨을 알 수 있다. 즉 면적은 말 그대로 독립변수 x의 종속변수 즉 함수인 것이다.

$$\int_a^x f(t)dt \;=\; G(x)$$

지극히 직관적인 설명이지만 더 이상 명확한 설명이 어디 있겠는가?

여기서 $F(x)$ 가 $f(x)$의 임의의 Antiderivative 라면 다음과 같이 표현될 수 있다.

$F(x) = G(x) + C$, 여기서 C 는 임의의 상수이다.

여기서 앞에서 구한 $G(x)$의 관계식을 이용하여 다음과 같이 $F(b) - F(a)$ 연산을 해보자.

$$
\begin{aligned}
F(b) - F(a) &= [G(b) + C] - [G(a) + C] \\
&= G(b) - G(a) \\
&= \int_a^b f(t)dt - \int_a^a f(t)dt \\
&= \int_a^b f(t)dt - 0 \\
&= \int_a^b f(t)dt.
\end{aligned}
$$

따라서 정적분 $\int_a^b f(t)dt$ 의 연산은 다음과 같이 할 수 있음을 알 수 있다.

1) 함수 f 의 Antiderivative F 를 구한다.

2) $\int_a^b f(t)dt = F(b) - F(a)$ 를 계산한다.

$F(b) - F(a)$ 는 $F(x)|_a^b$ 나 $F(x)]|_a^b$ 또는 $[F(x)]_a^b$ 로 표시하기도 한다.

$\int_a^b f(x)dx$ 는 수(number) 이고 반면에 $\int f(x)dx$ 는 함수 더하기 임의의 상수라는 것을 항상 기억하도록 하자.

이제 정적분의 연산을 설명하였으니 다음의 결과를 얻을 수 있다.

$f(t)$ 의 Antiderivative가 $F(t)$ 일 때

$$\int_a^x f(t)dt = F(t)\big|_a^x = F(x) - F(a) = F(x) + C$$

로 x의 함수임을 알 수 있다.

다음의 부정적분, 정적분 연산결과를 구하라.

$$- \int 2x \ dx = x^2 + C ,$$

$$\int_1^2 2x \ dx = x^2 \big|_1^2 = 2^2 - 1^2 = 3$$

$$- \int \cos x \, dx = \sin x + C ,$$

$$\int_0^{\frac{\pi}{2}} \cos x \, dx = \sin x \big|_0^{\frac{\pi}{2}} = 1 - 0 = 1$$

위 예제에서도 보았듯이 정적분의 연산 결과는 수(Number)가 된다. 따라서 적분 구간만 동일하다면 독립변수는 어떻게 표기하더라도 정적분의 연산 결과는 같아진다. 즉,

$$\int_a^b f(x)dx = \int_a^b f(t)dt = \int_a^b f(u)du = \int_a^b f(v)dv$$

가 될 것이며 이때 사용된 별 의미 없는 독립변수 x, t, u, v 들을 Dummy Variable(불행히도 한국어로 널리 통용되는 적절한 용어를 아직 찾지 못하였으므로 일단 "꼭두각시 변수" 또는 "허수아비 변수"라고 해두자.) 이라 부른다.

2.4.5 중적분(重積分, Multiple Integral)

아래 그림과 같은 반경이 R인 원의 면적을 구해보자.

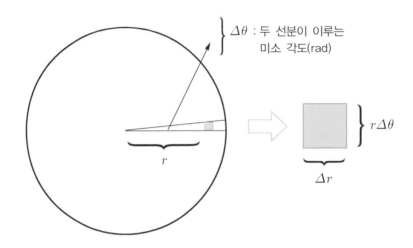

우선 $0 \le r \le R$ 구간을 $\triangle r = \dfrac{R-0}{n}$ 과 같이 n 등분 하고, $0 \le \theta \le 2\pi$ 구간을 $\triangle \theta = \dfrac{2\pi - 0}{m}$ 과 같이 m 등분 한다.

그림에서 보는 바와 같이 원의 중심에서 원주로 그어진 두 선분이 이루는 미소 각도가 $\triangle \theta$ 이고 반경 방향의 미소 길이는 $\triangle r$ 이다. 이 경우 원주 상에서 r 만큼 떨어져 위치한 임의의 미소 면적소 는 가로, 세로가 각각 $\triangle r$, $r\triangle \theta$ 인 사각형으로 생각할 수 있다.

따라서 미소 면적소의 면적은 $r\triangle r \, \triangle \theta$ 로 얻어진다.

미소 면적소를 원의 전 영역에 걸쳐서 모두 더해주면 다음과 같은 Riemann Sum을 얻는다.

$$\sum_{k=1}^{n}\sum_{l=1}^{m}r\triangle r\triangle\theta$$

이 Riemann Sum 에 대하여 $\triangle r \rightarrow 0, \quad \triangle\theta \rightarrow 0$ 인 극한을 취하면 그 결과는 다음의 정적분으로 귀결되어 전체면적 S 는 다음과 같이 구해진다.

$$S = \lim_{\triangle r\rightarrow 0}\lim_{\triangle\theta\rightarrow 0}\sum_{k=1}^{n}\sum_{l=1}^{m}r\triangle r\triangle\theta$$
$$= \int_{0}^{2\pi}\int_{0}^{R}rdr\ d\theta = \int_{0}^{2\pi}\frac{1}{2}R^2d\theta$$
$$= \frac{1}{2}R^2\int_{0}^{2\pi}d\theta = \frac{1}{2}R^2\ 2\pi = \pi R^2$$

이와 같이 두 번 이상 적분연산이 반복되는 경우 중적분 (重積分, Multiple Integral)이라 하며 하나의 변수에 관하여 적분연산을 할 경우 각각의 다른 변수는 변수가 아닌 상수로 간주하고 연산을 하면 된다.

2.5 | PID(비례 적분 미분)제어기의 구현

아래 그림의 전동기 속도제어계통에서 Speed Controller가 PID 제어기인 경우를 생각해 보자.

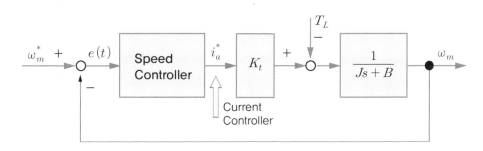

아직까지 Laplace 변환, 전달함수(Transfer Function), 블록선도(Block Diagram) 등에 대하여 소개하지 않았으므로 여기에서는 PID 제어기의 출력이 기본적으로 $K_P e(t) + K_I \int_0^t e(t) + K_D e(t)$ 의 형태로 구현될 수 있다는 것에만 주목하기로 한다.

오차 $e(t)$ 는 함수의 형태로 주어지는 것이 아니고 측정 가능한 신호의 형태로 주어진다. 그러면 PID 제어기에서 적분이나 미분 연산은 어떻게 수행할 수 있을까?

우리는 아래 식에서 $\triangle t$가 충분히 작은 값이라면 극한을 취하는 않은 미분과 정적분 연산이 각 각 다음과 같이 주어질 수 있음을 생각한다.

미분연산은 다음과 같다.

$$\frac{de(t)}{dt} \cong \frac{e(t + \triangle t) - e(t)}{\triangle t}$$

적분 연산은 다음과 같다.

$$\int_0^t e(t)dt \cong \sum_{k=1}^n e(k\triangle t)\triangle t$$

제어기가 DSP(Digital Signal Processor) 등을 이용하여 디지털 제어기 형태로 구현될 경우에 $\triangle t$를 규칙적인 시간 간격으로 출력을 읽어 와서 오차를 계산하는 Sampling Time 또는 그 정수배로 하고 $e(k\triangle t)$를 매 $\triangle t$마다 읽어 들인 오차 $e(t)$로 구할 수 있다. 또한 $e(t + \triangle t) - e(t)$를 현재 읽어 들인 오차에서 직전 $\triangle t$ 시간 전에 읽어 들인 오차를 뺀 값으로 하면 PID 제어기를 구현하는데 필요한 미분과 정적분 연산을 계속해서 수행할 수 있음을 알 수 있다.

03 Laplace 변환(Laplace Transform)

3.1 | 선형 상미분 방정식의 고전적인 해법

$$a_1 \frac{dy(t)}{dt} + a_0 y(t) = f(t) \ (a_0, \ a_1 > 0)$$

여기서 $f(t) = u_s(t)$ (단위 계단 함수)

* $u_s(t) = 1, \ t \geq 0$

         $0, \ t < 0$

이 미분 방정식의 해는 다음의 ①, ② 경우로 나누어서 구하여진다.

① 영 상태 응답(zero state response)

외부에서 가해지는 강제 입력에 의해서만 정해지는 응답.

특이해 또는 강제 응답 이라고도 한다.

② 영 입력 응답 (zero input response)

강제 입력이 없는 방정식(제차 방정식이라 함)의 해.

과도해(또는 보조해) 라고도 한다.

미분 방정식의 해는 ①, ②의 해의 합으로서 구해진다.

이제, 차례대로 해를 구해 보도록 하자.

영 상태 응답은 입력에 의해서만 결정되므로 입력과 같은 형태(성질)을 갖는 출력이 얻어진다. (DC입력→DC출력, 정현입력→정현출력)

영 상태 응답을 $y_p(t)$라 하면

입력이 상수이므로 $y_p(t) = K$로 놓을 수 있다.

이것이 원래의 미분 방정식을 만족해야 하므로 代入하면

$$a_0\ K = 1$$

$$\rightarrow K = \frac{1}{a_0}$$

따라서 $y_p(t) = \dfrac{1}{a_0}$

영 입력 응답은 강제입력이 없는, 즉 입력을 0으로 한 미분 방정식(제차 방정식이라 한다.)의 해이며 $y_c(t)$라 하면

$$a_1 \frac{dy_c}{dt} + a_0\ y_c = 0$$

양변에 $\dfrac{1}{a_1}\dfrac{1}{y_c}dt$ 를 곱해 주고 정리하면

$$\frac{dy_c}{y_c} = -\frac{a_0}{a_1}dt$$

양변에 부정적분 연산을 취하면

$$\int \frac{1}{y_c}dy_c = -\int \frac{a_0}{a_1}dt$$

여기서 부정적분을 구하는 것은 역 미분(逆 微分, Antiderivative)의 집합을 구하는 것이라는 사실과 $(\ln x)' = \dfrac{1}{x}$ 임을 상기하고 적분상수를 등식의 우측으로 하나로 모으면 다음의 결과가 얻어진다.

$$\ln y_c = -\frac{a_0}{a_1}t + C_1$$

양변에 지수함수를 취하면($e^{\ln x} = x$ 이용)

$$y_c(t) = e^{\left(-\frac{a_0}{a_1}t + C_1\right)}$$

정리하면

$$y_c(t) = C\, e^{-\frac{a_0}{a_1}t} \quad (e^{C_1} = C \text{로 놓으면})$$

미분 방정식의 해 $y(t)$는

$$y(t) = y_p(t) + y_c(t)$$

$$= \frac{1}{a_0} + C\, e^{-\frac{a_0}{a_1}t}$$

$t = 0$ 일때 $y(0) = 0$ 라면 (초기조건)

$$y(0) = \frac{1}{a_0} + C = 0$$

$$\rightarrow C = -\frac{1}{a_0}$$

$$\therefore y(t) = \frac{1}{a_0}\left(1 - e^{-\frac{a_0}{a_1}t}\right),\ t \geq 0$$

선형 미분 방정식의 고전적인 해법

이상에서 살펴 본 바와 같이 선형미분 방정식의 고전적인 해법은 1계 선형 미분방정식처럼 가장 간단한 경우임에도 불구하고 만만치 않은 복잡한 과정을 거쳐야 함을 알 수 있다.

3.2 | Laplace 변환을 이해하는 새로운 관점

3.2.1 Laplace 변환이란 무엇인가?

제어공학을 공부하는 대부분의 학생들은 Laplace 변환이 무엇이고 왜 배우는 가에 대하여 한번쯤은 궁금증을 느꼈을 것으로 생각된다. 사실 학생들이 갖고 있는 이러한 의문에 대한 속 시원한 해답을 주는 것은 그리 만만한 일이 아닐 수도 있지만 한번 시도해 보도록 하겠다.

오늘날 Laplace 변환으로 알려져 있는 이 방법은 독일(獨逸, Germany)의 공학자들이 미분방정식을 쉽게 풀 수 있는 방법으로 사용하고 있었던 것으로 알려져 있다. 이것은 시간 영역에서 표현된 미분방정식을 대수적인 관계식으로 바꾸어 표현하여 대수적인 방법으로 해를 구한 후 다시 시간영역으로 표현해서 최종적으로 원하는 미분방정식의 해를 구하는 매우 흥미로운 방법으로 주의를 끌었다.

처음에는 그저 이상한 꼼수에 지나지 않는다는 평가를 받기도 하였으나 그 효용성이 범상치 않다고 여겨져서 수학자들이 뒤늦게 수학적인 측면에서 연구를 하여 체계화한 것으로 알려지고 있으며 수학 분야에서는 푸리에 변환(Fourier Transform)과 함께 적분변환(Integral Transform)이라는 분야에 속한다.

> **주의** Laplace Transform의 전신(前身)이라 할 수 있는 Heaviside's operational calculus(연산자 법)은 영국의 공학자인 Oliver Heaviside(1850~1925)가 발명자로 알려져 있다. 그러나 사실은 그 이전에 프랑스의 수학자이자 천문학자인 Pierre Simon de Laplace (1749~1827)가 1780년에 쓴 글에서 이미 Heaviside's operational calculus(연산자 법)의 기초가 되는 내용을 찾을 수 있다. 본문에서 언급한 바와 같이 전해지는 내용은 Pierre Simon de Laplace가 1780년의 글에서 언급하기 이전에 이미 이러한 방법이 알려져 있었음을 시사(示唆)하는 흥미로운 내용이라서 여기에서 소개하는 바이다.

그러면 Laplace 변환과 그 결과로 얻어진 대수적 관계식을 우리는 어떻게 볼 것 인가하는 문제를 생각해 보자. 여기서 우리는 함수를(정확히는 함수의 특징을) 표현하는 방법이 여러 가지가 있을 수 있다는 관점에서 생각해 보기로 하자.

방법 1) 우선 전통적인 방법으로서 독립변수인 시간에 대하여 종속변수인 함수 값이 어떤 값을 취하는 지를 그 함수의 특징으로 표시하는 것을 생각할 수 있다. 지극히 당연하게도 서로 다른 함수는 독립변수인 시간이 차지하는 **정의역**(Time Domain)에 대하여 서로 다른 함수 값을 갖는 **치역**(Range)에서 표현된다.

방법 2) 여기서 우리는 지금까지 와는 조금 다른 관점에서 함수를 표현할 수 있는 가능성을 열어두고 생각해보자. 여러 가지 가능성이 있겠지만 시간함수를 독립변수의 전 영역에 걸쳐서 면적을 구할 경우 서로 다른 그 함수만의 특징을 표현할 가능성에 대하여 생각해 보자. 오래 생각해보지 않아도 대부분의 경우 의미 있는 결과를 얻기 어렵다는 사실을 깨달을 수 있을 것이다. 시간영역에서 표현된 함수가 단위계단 함수($u_s(t)$)인 경우와 Ramp 함수($r(t)$)에 대한 그림을 보면 쉽게 알 수 있는 바와 같이 대부분의 경우 무한대(∞)인 결과를 얻는 경우가 많다.

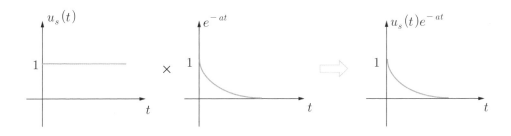

시간 함수가 단위계단 함수($u_s(t)$)인 경우 위 그림에서 맨 좌측의 시간함수에 정적분 연산 $\int_0^\infty u_s(t)dt$ 을 행하면 무한대(∞)인 결과를 얻는다.

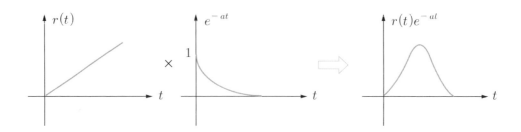

시간 함수가 기울기가 1인 Ramp 함수($r(t)=t$)인 경우 위 그림에서 맨 좌측의 시간함수에 정적분 연산 $\int_0^\infty r(t)dt$ 을 행하면 역시 무한대(∞)인 결과를 얻는다.

무한대(∞)인 연산 결과를 내지 않을 만한 시간 함수를 찾기가 쉽지 않을 듯 보인다.

그런데, 만약 모든 시간 함수에 충분하게 빠른 시간 내에 시간적으로 감소하는 지수함수를 공평하게 곱한 다음에 같은 연산을 하면 어떻게 될까?

위의 두 그림의 맨 우측에서 보듯이 일정한 면적을 구할 수 있는 형태로 바뀌는 것을 알 수 있다. 그러면 면적을 한번 구하여 보자.

시간 함수가 단위계단 함수($u_s(t)$)인 경우 :

$$\int_0^\infty u_s(t)e^{-at}dt = \left. -\frac{1}{a}e^{-at} \right|_0^\infty = -\frac{1}{a}e^{-\infty} - (-\frac{1}{a}e^0)$$

$$= \frac{1}{a}$$

시간 함수가 Ramp 함수($r(t) = t,\ t \geq 0$)인 경우 :

$$\frac{d(uv)}{dt} = v\frac{du}{dt} + u\frac{dv}{dt}$$

양변에 dt 를 곱 하면

$$d(uv) = v\ du + u\ dv$$

$a,\ b$ 구간 정적분을 행하면

$$uv\big|_a^b = \int_a^b vdu + \int_a^b udv$$

가 된다는 것을 이용한다.

$$\int_0^\infty r(t)e^{-at}dt = \int_0^\infty t\ e^{-at}dt$$

여기서 $u = t,\ dv = e^{-at}dt$ 라 놓으면

$du = dt,\ v = -\frac{1}{a}e^{-at}$ 이 되고 위의 연산은 다음과 같이 된다.

$$\int_0^\infty r(t)e^{-at}dt = \int_0^\infty t\ e^{-at}dt$$

$$= t\ \frac{-1}{a}e^{-at}\bigg|_0^\infty - \int_0^\infty (-\frac{1}{a}e^{-at})dt = \frac{1}{a^2}$$

이상과 같이 시간함수의 특성을 반영하는 서로 다른 면적이 얻어지며 그 것
은 곱해진 지수함수에서 $-t$의 계수 a의 함수로서 얻어지게 된다.

재미있게도 우리가 자연과학, 공학 분야에서 접하는 거의 모든 종류의 시간
함수가 서로 다른 특징적인 a의 함수로서 얻어지게 된다.

여기서 곱해진 지수함수에서 $-t$의 계수 a를 실수로 생각하고 면적을 계산하였는데, 아래의 벤 다이어그램(Venn Diagram)에서 보듯이 실수는 허수부 실수가 0인 경우의 복소수라고 생각할 수 있다. 역시 허수는 실수부 실수가 0인 경우의 복소수라고 생각할 수 있다. 즉 실수와 허수는 복소수의 부분집합이며 따라서 실수와 허수는 복소수라는 명제가 성립한다.

여기서 우리는 곱해진 지수함수에서 $-t$의 계수를 복소수 $s(=\sigma+j\omega)$로 놓음으로써 $-t$의 계수가 취할 수 있는 범위를 실수(즉, 허수부 실수가 0인 복소수)에서 허수부와 실수부가 모두 존재할 수 있는 일반적인 의미의 복소수로 확장하도록 하자. 이렇게 해두는 이유는 나중에 전달함수(Transfer Function)와 특성방정식(Characteristic Equation)을 설명할 때 이해할 수 있으며 그 때까지는 잠시 유보해 두기로 하자.

Laplace 변환은 위에서 설명한 바와 같이 어떤 시간함수에 $-t$의 계수가 복소수인 지수 함수를 곱하여 0보다 큰 시간의 전 영역에 걸쳐서 정적분을 취한 것, 다시 말해서 면적을 구한 것으로 볼 수 있다. 시간 영역에서 정적분을 취하였으니 그 결과는 어떤 수의 형태를 갖게 되는데 재미있게도 시간 함수의 종류에 따라 그 면적이 지수함수의 $-t$의 계수 s 의 서로 다른 함수로서 얻어지게 된다. 또한 사칙 연산, 미분, 적분 등 시간 영역에서의 연산을 취한 경우에 대하여도 그에 대한 Laplace 변환을 얻을 수 있다.

결국 어떤 시간 영역(Time Domain)에서의 전통적인 표현 방식의 함수에 더하여 그것의 Laplace 변환도 역시 s domain 에서 그 시간영역 함수의 특성을 나타내는 또 하나의 다른 방법(마치 Janus의 두 개의 얼굴과 같이)이라는 사실을 이해해야 할 것이다.

3.2.2 Laplace 변환의 정의

어떤 유한한 실수 σ 에 대하여, 다음의 조건을 만족하는 실수 함수 $f(t)$를 생각한다.

$$\int_0^\infty \left| f(t)\, e^{-\sigma t} \right| dt \;<\; \infty \;:\; \text{Laplace 변환의 존재조건}$$

이 경우 $f(t)$의 Laplace 변환은 다음과 같이 정의 된다.

$$F(s) = \int_0^\infty f(t) e^{-st} dt$$

여기서 $F(s)$는

$F(s) = f(t)$의 Laplace 변환 $= L[f(t)]$이고 s는 복소 변수 $s = \sigma + jw$이고 Laplace 연산자(Laplace operator) 라고 한다.

예제

단위 계단 함수 $u_s(t)$의 Laplace 변환

$f(t) = u_s(t) = 1, t \geq 0$
$\qquad\qquad\quad 0,\, t < 0$

$F(s) = L[f(t)] = \displaystyle\int_0^\infty 1\, e^{-st} dt$

$= -\dfrac{1}{s} e^{-st} \Big|_0^\infty = 0 - (-\dfrac{1}{s} 1) = \dfrac{1}{s}$

$f(t) = e^{-at}, t \geq 0$: 지수 함수의 Laplace 변환

$$F(s) = L[f(t)] = \int_0^\infty e^{-at} e^{-st} dt$$

$$= \int_0^\infty e^{-(s+a)t} dt = -\frac{1}{s+a} e^{-(s+a)t} \bigg|_0^\infty$$

$$= 0 - (-\frac{1}{s+a} 1) = \frac{1}{s+a}$$

역 Laplace 변환 :

실제로 계산을 하여 구하는 경우는 드물며 Laplace 변환표를 이용한다. (간단한 것은 암기하여 사용.)

참고로 공학 분야에서 자주 접하게 되는 함수에 대하여, 그것의 Laplace Transform(라플라스 변환)을 다음의 표와 같이 정리하였다.

$f(t),\ t \geq 0$	$F(s)$	$f(t),\ t \geq 0$	$F(s)$
1	$\dfrac{1}{s}$	$f(t)e^{-at}$	$F(s+a)$
e^{-at}	$\dfrac{1}{s+a}$	te^{-at}	$\dfrac{1}{(s+a)^2}$
$\dfrac{1}{a}(1 - e^{-at})$	$\dfrac{1}{s(s+a)}$	$t^n e^{-at}$	$\dfrac{n!}{(s+a)^{n+1}}$
$\dfrac{1}{b-a}(e^{-at} - e^{-bt})$	$\dfrac{1}{(s+a)(s+b)}$	$e^{-at}\sin\omega t$	$\dfrac{\omega}{(s+a)^2 + \omega^2}$
t	$\dfrac{1}{s^2}$	$e^{-at}\cos\omega t$	$\dfrac{s+a}{(s+a)^2 + \omega^2}$

t^n	$\dfrac{n!}{s^{n+1}}$	$t\,e^{-at}\sin\omega t$	$\dfrac{2\omega(s+a)}{((s+a)^2+\omega^2)^2}$
$\sin\omega t$	$\dfrac{\omega}{s^2+\omega^2}$	$t\,e^{-at}\cos\omega t$	$\dfrac{(s+a)^2-\omega^2}{((s+a)^2+\omega^2)^2}$
$\cos\omega t$	$\dfrac{s}{s^2+\omega^2}$		
$t\sin\omega t$	$\dfrac{2\omega s}{(s^2+\omega^2)^2}$		
$t\cos\omega t$	$\dfrac{s^2-\omega^2}{(s^2+\omega^2)^2}$		

주의 Lapace 변환표에서 $f(t)=u_s(t)=1, t\geq 0$ 의 Lapalace 변환 $F(s)=\dfrac{1}{s}$ 과

$f(t)=e^{-at}, t\geq 0$ 의 Lapalace 변환 $F(s)=\dfrac{1}{s+a}$ 이 특히 중요하다. 더불어서

$f(t)=\sin\omega t, t\geq 0$ 의 Lapalace 변환 $F(s)=\dfrac{\omega}{s^2+\omega^2}$ 과 $f(t)=\cos\omega t, t\geq 0$ 의

Lapalace 변환 $F(s)=\dfrac{s}{s^2+\omega^2}$ 정도를 알아두기 바란다.

또한 $f(t)e^{-at}, t\geq 0$의 Lapalace 변환이 $F(s+a)$ 가 되는 규칙성이 있음을 참고하도록 하자.

1) 영 상태 응답(특이해, 강제응답)과 영 입력 응답(과도해, 보조해)이 초기
   조건까지 고려되어 한 번에 구해진다.
2) 미분 방정식

$$\downarrow \text{(Laplace 변환을 취함)}$$

s에 대한 대수 방정식으로 바뀐다.

$$\downarrow$$

대수적인 연산으로 s영역에서 해를 구한다.

$$\downarrow \text{(Laplace 역변환, 변환 Table이용)}$$

최종 시간 영역해

라플라스 변환(Laplace Transform)을 이용하여 미분 방정식의 해를 대수 (代數, Algebra)적인 방법으로 구할 수 있다는 사실에 주목하기를 바란다. 특히 한 번에 초기조건이 고려된 특이해(강제응답)와 보조해(과도해)를 구할 수 있다는 것은 매우 멋진 일이 아닐 수 없다. 또한 이 방법을 일반적으로 적용한 것이 전달함수(Transfer Function)의 개념과 직접 연결된다는 사실을 강조해 두고자 한다.

3.4 | Laplace 변환의 중요한 정리

(1) 상수 곱셈

$$L[kf(t)] = kF(s)$$

증명

정적분 연산은 본질적으로 더하기 연산임을 생각하도록 하자.

즉 $\int_a^b \Rightarrow \lim\limits_{\triangle t \to 0} \sum\limits_{k=1}^n$ 인 것이며 생각을 간단히 하기위하여 극한(Limitation)

기호를 생략하여 $\int_a^b \Rightarrow \sum\limits_{k=1}^n$ 라고 생각하여도 본질적으로는 아무 문제가 없

다.

즉 아래의 수식에서 $\int_{a(=0)}^{b(=\infty)}$ 자리에 $\sum\limits_{k=1}^n$ 를 대치하여 놓고 생각할 수 있다.

(정적분 구간을 n 등분 하였다는 것을 기억하도록 하자.)

이렇게 놓고 생각하면 아래의 연산은 단순히 각각의 항에 상수 k 가 곱하여

진 더하기 연산으로 이루어진 모임에서 공통된 상수 k 를 묶어낸 더하기 연산

모임으로 바꾸어 표시한 것에 지나지 않음을 알 수 있으며 아래의 결과를 쉽게

얻을 수 있다.

$$L[kf(t)] = \int_0^\infty kf(t)e^{-st}dt$$

$$= k\int_0^\infty f(t)e^{-st}dt \ = \ kF(s)$$

(2) 합과 차

$$L[f_1(t) \pm f_2(t)] = F_1(s) \pm F_2(s)$$

증명

여기에서도 역시 정적분 연산은 본질적으로 더하기 연산임을 생각하도록

하자.

즉 $\int_a^b \Rightarrow \lim\limits_{\triangle t \to 0} \sum\limits_{k=1}^n$ 인 것이며 생각을 간단히 하기위하여 극한(Limitation)

기호를 생략하여 $\int_a^b \Rightarrow \sum\limits_{k=1}^n$ 라고 생각하여도 본질적으로는 아무 문제가 없

다.

즉 아래의 수식에서 $\int_{a(=0)}^{b(=\infty)}$ 자리에 $\sum_{k=1}^{n}$ 를 대치하여 놓고 생각할 수 있다.

이렇게 놓고 생각하면 아래의 연산은 단순히 하나의 더하기 연산으로 이루어진 모임을 두 개의 더하기 연산 모임으로 분리한 것에 지나지 않음을 알 수 있으며 아래의 결과를 쉽게 얻을 수 있다.

$$L[f_1(t) \pm f_2(t)] = \int_0^{\infty} [f_1(t) \pm f_2(t)]e^{-st}dt$$

$$= \int_0^{\infty} f_1(t)e^{-st}dt \pm \int_0^{\infty} f_2(t)e^{-st}dt$$

$$= F_1(s) \pm F_2(s)$$

(3) 미분

$$L[\frac{df(t)}{dt}] = sF(s) - f(0)$$

증명

① $\dfrac{d(uv)}{dt} = v\dfrac{du}{dt} + u\dfrac{dv}{dt}$

양변에 dt 를 곱 하면

$$d(uv) = v\,du + u\,dv$$

$a,\ b$ 구간 정적분을 행하면

$$uv\,|_a^b = \int_a^b vdu + \int_a^b udv$$

①의 결과를 이용하여 생각해 본다.

$$L[\frac{df}{dt}] = \int_0^{\infty} \frac{df(t)}{dt}e^{-st}dt$$

$$= \int_0^{\infty} e^{-st}df \text{ 에서,}$$

$u = e^{-st},\ dv = df$ 라 놓으면

$$L[\frac{df}{dt}] = \int_0^\infty e^{-st}df = \int_0^\infty udv \text{ 가 되고}$$

①의 결과에서

$$\int_a^b udv = uv|\,|_a^b - \int_a^b vdu \text{ 와}$$

$u = e^{-st}$ 로부터 $\dfrac{du}{dt} = -se^{-st}$ 임을 알고

미분은 본질적으로 분수 연산으로서의 속성을 갖고 있음을 염두에 둔다면 양변에 dt 를 곱하는 연산이 가능하며 이로부터 $du = -se^{-st}dt$ 가 얻어짐을 이용하면

$$L[\frac{df}{dt}] = e^{-st}f(t)|\,|_0^\infty - \int_0^\infty f(t)(-se^{-st})dt$$
$$= -f(0) + sF(s)$$

(4) 적분

$$L[\int_0^t f(t)dt] = \frac{F(s)}{s}$$

증명

$$L[\int_0^t f(t)dt] = \int_0^\infty [\int_0^t f(t)dt]e^{-st}dt$$

여기서

$$u = \int_0^t f(t)dt, \ du = f(t)dt$$

$dv = e^{-st}dt, \ v = -\dfrac{1}{s}e^{-st}$ 라 놓으면

$$L[\int_0^t f(t)dt] = -\frac{1}{s}e^{-st}\int_0^t f(t)dt\ |_0^\infty - \int_0^\infty -\frac{1}{s}e^{-st}f(t)dt$$
$$= \frac{1}{s}F(s)$$

> **주의** 초기조건을 고려하지 않으면 $f(t)$의 Laplace Transform이 $F(s)$일 때 그 미분 $\dfrac{df}{dt}$의 Laplace Transform은 $sF(s)$가 된다. 또한 $f(t)$의 적분 $\displaystyle\int_0^t f(t)dt$의 Laplace Transform은 $\dfrac{1}{s}F(s)$가 된다. 시간영역에서 어떤 함수를 미분하고 다시 적분하면 원래의 함수가 되듯이 Laplace Transform 관계에서는 미분연산에 대응하여 s를 곱하고($sF(s)$) 적분연산에 대응하여 $\dfrac{1}{s}$을 곱하여($\dfrac{1}{s}sF(s)$) 원래의 Laplace Transform ($F(s)$)이 됨을 주목하자. 또한 두 번 이상의 미분 또는 적분에 대하여는 각 각 그 횟수만큼 s 또는 $\dfrac{1}{s}$이 곱해지는 관계로 표현됨을 기억하자.

(5) 시간 지연된 신호의 Laplace 변환

시간 T만큼 지연된 $f(t)$의 Laplace 변환
$f(t-T)$:

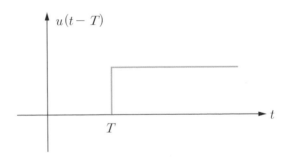

$$L[f(t-T)u(t-T)]$$

$$= \int_0^\infty e^{-st}f(t-T)u(t-T)dt$$

$$= \int_T^\infty e^{-st}f(t-T)dt$$

$t-T=\tau$ 로 놓으면 $dt=d\tau$ 이고

적분구간 $T < t < \infty$ 는 $0 < \tau < \infty$ 로 바뀐다.

따라서

$$L[f(t-T)u(t-T)] = \int_0^\infty e^{-s(\tau+T)} f(\tau) dt$$

$$= e^{-sT} \int_0^\infty e^{-s\tau} f(\tau) d\tau = e^{-sT} F(s)$$

(6) 초기치 정리(Initial value theorem)

$\dfrac{df}{dt}$ 의 Laplace 변환을 취하면

$$L[\frac{df}{dt}] = sF(s) - f(0^-)$$

$$= \int_{0^-}^\infty e^{-st} \frac{df}{dt} dt$$

이 된다.

여기서 $s \to \infty$ 인 극한을 취하면,

$$\lim_{s\to\infty}[sF(s) - f(0^-)] = \lim_{s\to\infty}(\int_{0^-}^{0^+} e^0 \frac{df}{dt} dt + \int_{0^+}^\infty e^{-st} \frac{df}{dt} dt)$$ 이 된다.

두 번째 적분항의 피 적분 함수는 0 으로 접근하고 $(\lim_{s\to\infty} e^{-st} = 0)$

$f(0^-)$는 s의 함수가 아니므로 극한기호 밖으로 나올 수 있다.

이를 정리하면

$$\lim_{s\to\infty}[sF(s)] - f(0^-) = \lim_{s\to\infty} \int_{0^-}^{0^+} df$$

$$= \lim_{s\to\infty}[f(0^+) - f(0^-)]$$

$$= f(0^+) - f(0^-)$$

따라서

$$f(0^+) = \lim_{s \to \infty}[sF(s)]$$

또는

$$\lim_{t \to 0^+} f(t) = \lim_{s \to \infty}[sF(s)]$$

(7) 최종치 정리(Final value theorem)

역시 $\dfrac{df}{dt}$ 의 Laplace 변환을 생각 한다.

$$L[\frac{df}{dt}] = \int_{0^-}^{\infty} e^{-st}\frac{df}{dt}dt = sF(s) - f(0^-)$$

$s \to 0$ 인 극한을 생각 하면

$$\lim_{s \to 0}\int_{0^-}^{\infty} e^{-st}\frac{df}{dt}dt = \int_{0^-}^{\infty} df \text{ 이고}$$

이를 정리 하면

$$\int_{0^-}^{\infty} df = f(t)\Big|_{0^-}^{\infty} = f(\infty) - f(0^-) = \lim_{t \to \infty}[(f(t) - f(0^-)]$$

따라서

$$\lim_{t \to \infty} f(t) = \lim_{s \to 0} sF(s)$$

> **주의** 최종치 정리는 $sF(s)$ 가 허수축과 s 평면의 우반부에 극을 갖지 않아야 성립된다. 즉, 최종치 정리는 $sF(s)$ 의 분모를 0으로 놓아 얻은 방정식의 해(극점이라 하며 4.6-4.8 부분에서 좀 더 상세히 설명한다.)가 s 평면상의 우반부 (허수축을 포함한)에 위치하지 않을 경우에만 성립한다.

예제

$F(s) = \dfrac{1}{s(s^2 + s + 2)}$ 일 때 $\displaystyle\lim_{t\to\infty} f(t)$ 를 구하라.

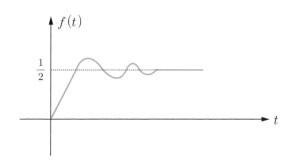

$sF(s)$ 의 극점이 $s = \dfrac{-1 \pm \sqrt{-7}}{2} = -\dfrac{1}{2} \pm j\dfrac{\sqrt{7}}{2}$ 이다.

극점의 실수부가 음이므로 최종치 정리가 성립한다.

$$\lim_{s\to\infty} f(t) = \lim_{s\to 0} sF(s) = \lim_{s\to 0} \frac{s}{s(s^2 + s + 2)} = \frac{1}{2}$$

예제

$F(s) = \dfrac{w}{s^2 + w^2}$ ($f(t) = \sin wt$ 의 Laplace 변환)에 대한 최종치정리 적용 문제

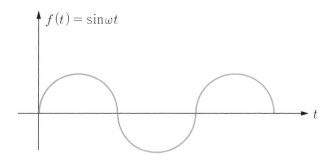

$sF(s)$의 극이 $s = \pm jw$ 이므로 (허수축에 위치) 최종치 정리는 성립되지 않는다.

비록,

$$\lim_{t \to \infty} f(t) = \lim_{s \to 0} sF(s) = \lim_{s \to 0} \frac{sw}{s^2 + w^2} = 0$$

으로 계산 결과가 얻어 진다고 하여도 이 결과는 옳은 결론이 아니다. 앞에 설명한 바와 같이 최종치 정리가 성립하지 않는 조건이기 때문에 그렇다.

3.5 | 선형 상미분 방정식의 Laplace 변환 해법

$$a_1 \frac{dy(t)}{dt} + a_0 y(t) = f(t) \quad (\, a_0, \ a_1 > 0 \,)$$

$f(t) = u_s(t)$ (단위 계단 함수)이고 초기조건이 $y(0) = 0$인 경우에 대한 해를 구해보자.

함수의 합과 차 그리고 함수에 상수가 곱해진 것은 Laplace 변환 결과에 그 대로 반영됨을 상기하면서 Laplace 변환을 취하면 다음과 같다.

$$a_1 s \, Y(s) + a_0 \, Y(s) = F(s)$$

여기에서 $F(s) = \dfrac{1}{s}$ 임을 고려하고 양변을 정리하면 아래와 같다.

$$(a_1 s + a_0) \, Y(s) = \frac{1}{s}$$

$$\rightarrow Y(s) = \frac{1}{s(a_1 s + a_0)} = \frac{1/a_1}{s(s + a_0/a_1)} = \frac{1}{a_1} \frac{1}{s(s + a_0/a_1)}$$

Laplace 변환 Table에서

$$y(t) = \frac{1}{a_1}\left[\frac{a_1}{a_0}(1 - e^{-\frac{a_0}{a_1}t})\right], \ t \geq 0$$

$$= \frac{1}{a_0}(1 - e^{-\frac{a_0}{a_1}t}), \ t \geq 0$$

만약 $y(t)$ 보다는 $y(\infty)$만 필요할 경우 최종치 정리를 이용할 수 있다.

$s\,Y(s) = \dfrac{s}{s(a_1 s + a_0)}$ 의 극점이 $s = -\dfrac{a_0}{a_1}$ 이므로 최종치 정리가 성립 한다.

$$\lim_{t \to \infty} y(t) = \lim_{s \to 0} s\,Y(s) = \lim_{s \to 0} \frac{s}{s(a_1 s + a_0)} = \frac{1}{a_0}$$

예제

$$a_1 \frac{dy(t)}{dt} + a_0 y(t) = f(t) \quad (\,a_0\,, a_1 > 0\,)$$

$f(t) = u_s(t)$ (단위 계단 함수)이고 초기조건이 $y(0) = y_0$인 경우에 대한 해를 구해보자.

Laplace 변환을 취하고 정리하면

$$(a_1 s + a_0)\,Y(s) = a_1 y_0 + \frac{1}{s}$$

$$Y(s) = \frac{1}{s(a_1 s + a_0)} + \frac{a_1 y_0}{(a_1 s + a_0)} = \frac{1/a_1}{s(s + a_0/a_1)} + \frac{y_0}{(s + a_0/a_1)}$$

$$= \frac{1}{a_1}\frac{1}{s(s + a_0/a_1)} + \frac{y_0}{(s + a_0/a_1)}$$

Laplace 변환 Table에서

$$y(t) = \frac{1}{a_1} \left[\frac{a_1}{a_0} (1 - e^{-\frac{a_0}{a_1}t}) \right] + y_0 (e^{-\frac{a_0}{a_1}t})$$

$$= \frac{1}{a_0} (1 - e^{-\frac{a_0}{a_1}t}) + y_0 (e^{-\frac{a_0}{a_1}t}), \ t \geq 0$$

이상의 결과로 부터 초기조건이 0이 아닌 $y(0) = y_0$ 인 경우, 과도해(보조해)의 크기에 영향을 미친다는 것을 알 수 있으며 시간이 충분히 경과되면 특이해(강제응답)만 남게 되는 것은 동일하다는 사실을 알 수 있다.

예제

$\dfrac{d^2y}{dt^2} + 3\dfrac{dy}{dt} + 2y = u$ 로 표현되는 계통에 대하여 단위 계단 입력에 대한 출력을 구하라(초기조건이 0인 경우).

Laplace 변환을 취하면

$$s^2 Y(s) + 3s Y(s) + 2 Y(s) = U(s)$$

정리하면

$$(s^2 + 3s + 2) Y(s) = U(s)$$

$$\rightarrow Y(s) = \frac{1}{s^2 + 3s + 2} U(s)$$

$u(t) = u_s(t)$ 일 때 $U(s) = \dfrac{1}{s}$ 이므로

$$Y(s) = \frac{1}{s(s^2 + 3s + 2)}$$

그런데 위와 같은 형태를 Laplace 변환 표에서 찾기가 쉽지 않다.

이런 경우 Y(s)를 다시 보면

$$Y(s) = \frac{1}{s(s+1)(s+2)}$$ 임을 알 수 있다.

여기서, 부분 분수 전개를 이용하면

$$Y(s) = \frac{K_1}{s} + \frac{K_2}{s+1} + \frac{K_3}{s+2}$$ 형태로 구할 수 있다.

K_1, K_2, K_3 를 구하고 나서

Laplace 변환 표를 이용하면 시간영역에서 $y(t)$ 를 구할 수 있다.

$$y(t) = K_1 + K_2 e^{-t} + K_3 e^{-2t},\ t \geq 0$$ 또는

$$y(t) = \left(K_1 + K_2 e^{-t} + K_3 e^{-2t}\right) u_s(t)$$

3.6 | 부분분수 전개

$Y(s) = \dfrac{1}{s(s^2+3s+2)} = \dfrac{1}{s(s+1)(s+2)}$ 형태의 식은 분모의 다항식에서

인수 분해된 s, $(s+1)$, $(s+2)$ 각각을 분모로 하는 $Y(s) = \dfrac{K_1}{s} + \dfrac{K_2}{s+1}$

$+ \dfrac{K_3}{s+2}$ 형태로 나타낼 수 있는데 이것을 부분분수 전개라 한다.

여기서 K_1, K_2, K_3 는 다음과 같이 구할 수 있다.

K_1 :

양변에 K_1의 분모 s를 곱하면

$$K_1 + \frac{K_2}{s+1}s + \frac{K_3}{s+2}s = s\,Y(s)$$

이 식의 양변 값을 $s=0$ 에서 계산하면 좌변은 K_1만 남게 된다. 따라서

$$K_1 = s\,Y(s)|_{s=0}$$

$$= \frac{s}{s(s+1)(s+2)}\,\Bigg|_{s=0} = \frac{1}{2}$$

K_2 :

양변에 K_2의 분모 $s+1$ 을 곱하면

$$\frac{K_1}{s}(s+1) + K_2 + \frac{K_3}{s+2}(s+1) = (s+1)\,Y(s)$$

이 식의 양변 값을 $s+1=0$ 즉, $s=-1$ 에서 구하면 좌변은 K_2만 남게 된다.

따라서

$$K_2 = (s+1)\,Y(s)|_{s=-1}$$

$$= \frac{(s+1)}{s(s+1)(s+2)}|\,\Bigg|_{s=-1}$$

$$= \frac{1}{-1(-1+2)} = -1$$

K_3 :

양변에 K_3의 분모 $s+2$ 를 곱하면

$$\frac{K_1}{s}(s+2) + \frac{K_2}{s+1}(s+2) + K_3 = (s+2)\,Y(s)$$

이 식의 양변 값을 $s+2=0$ 즉, $s=-2$ 에서 계산하면

$$K_3 = \frac{(s+2)}{s(s+1)(s+2)}\Big|_{s=-2}$$

$$= \frac{1}{-2(-2+1)} = \frac{1}{2}$$

따라서

$$Y(s) = \frac{1}{2}\frac{1}{s} - \frac{1}{s+1} + \frac{1}{2}\frac{1}{s+2}$$

Laplace 변환 표를 이용하면

$$y(t) = \frac{1}{2} - e^{-t} + \frac{1}{2}e^{-2t}, \; t \geq 0 \; \text{또는}$$

$$y(t) = \left(\frac{1}{2} - e^{-t} + \frac{1}{2}e^{-2t}\right) u_s(t)$$

특이해: 과도해(보조해):

강제응답   영 입력 응답

예제

$\dfrac{d^2 y}{dt^2} + 4\dfrac{dy}{dt} + 3y = \dfrac{du}{dt} + 2u$ 로 표현되는 계통에 대하여 단위 계단 입력에 대한 출력을 구하라(초기조건이 0인 경우).

Laplace 변환을 취하면

$$s^2 Y(s) + 4s Y(s) + 3 Y(s) = s U(s) + 2 U(s)$$

정리하면

$$(s^2 + 4s + 3) Y(s) = (s+2) U(s)$$

$$\rightarrow Y(s) = \frac{s+2}{s^2+4s+3} U(s)$$

$u(t) = u_s(t)$ 일 때 $U(s) = \dfrac{1}{s}$ 이므로

$$Y(s) = \frac{s+2}{s(s^2+4s+3)}$$

위와 같은 형태를 Laplace 변환 표에서 찾기가 쉽지 않다.

이런 경우 Y(s)를 다시 보면

$Y(s) = \dfrac{s+2}{s(s+1)(s+3)}$ 임을 알 수 있다.

여기서, 부분 분수 전개를 이용하면

$Y(s) = \dfrac{K_1}{s} + \dfrac{K_2}{s+1} + \dfrac{K_3}{s+3}$ 형태로 구할 수 있다.

여기서 K_1, K_2, K_3 는 다음과 같이 구할 수 있다.

K_1 :

양변에 K_1의 분모 s를 곱하면

$$K_1 + \frac{K_2}{s+1}s + \frac{K_3}{s+3}s = s\,Y(s)$$

이 식의 양변 값을 $s=0$ 에서 계산하면 좌변은 K_1만 남게 된다. 따라서

$$K_1 = s\,Y(s)\big|_{s=0}$$
$$= \frac{s(s+2)}{s(s+1)(s+3)}\bigg|_{s=0} = \frac{2}{3}$$

K_2 :

양변에 K_2의 분모 $s+1$ 을 곱하면

$$\frac{K_1}{s}(s+1) + K_2 + \frac{K_3}{s+2}(s+1) = (s+1)\,Y(s)$$

이 식의 양변 합을 $s+1=0$ 즉, $s=-1$ 에서 구하면 좌변은 K_2만 남게 된다.

따라서

$$K_2 = (s+1)\,Y(s)\big|\big|_{\,s=-1}$$

$$= \frac{(s+1)(s+2)}{s(s+1)(s+3)}\Big|\Big|_{\,s=-1}$$

$$= \frac{-1+2}{-1(-1+3)} = -\frac{1}{2}$$

K_3 :

양변에 K_3의 분모 $s+3$ 를 곱하면

$$\frac{K_1}{s}(s+3) + \frac{K_2}{s+1}(s+3) + K_3 = (s+3)\,Y(s)$$

이 식의 양변 값을 $s+3=0$ 즉, $s=-3$ 에서 계산하면

$$K_3 = \frac{(s+3)(s+2)}{s(s+1)(s+3)}\Big|\Big|_{\,s=-3}$$

$$= \frac{-3+2}{-3(-3+1)} = -\frac{1}{6}$$

따라서

$$Y(s) = \frac{2}{3}\frac{1}{s} - \frac{1}{2}\frac{1}{s+1} - \frac{1}{6}\frac{1}{s+3}$$

Laplace 변환 표를 이용하면

$$y(t) = \frac{2}{3} - \frac{1}{2}e^{-t} - \frac{1}{6}e^{-3t},\ t \geq 0 \ \text{또는}$$

$$y(t) = \left(\frac{2}{3} - \frac{1}{2}e^{-t} - \frac{1}{6}e^{-3t}\right) u_s(t)$$

특이해: 과도해(보조해):
강제응답   영 입력 응답

$$a_1 \frac{dy(t)}{dt} + a_0 y(t) = f(t) \quad (a_0, a_1 > 0)$$

$f(t) = u_s(t)$ (단위 계단 함수)이고 초기조건이 $y(0) = 0$인 경우에 대한 해를 부분분수 전개를 이용하여 구해보자.

함수의 합과 차 그리고 함수에 상수가 곱해진 것은 Laplace 변환 결과에 그대로 반영됨을 상기하면서 Laplace 변환을 취하면 다음과 같다.

$$a_1 s\, Y(s) + a_0\, Y(s) = F(s)$$

여기에서 $F(s) = \dfrac{1}{s}$ 임을 고려하고 양변을 정리하면 아래와 같다.

$$(a_1 s + a_0)\, Y(s) = \frac{1}{s}$$

$$\rightarrow Y(s) = \frac{1}{s(a_1 s + a_0)} = \frac{1/a_1}{s(s + a_0/a_1)} = \frac{1}{a_1} \frac{1}{s(s + a_0/a_1)}$$

$Y(s)$를 다시 보면

$$Y(s) = \frac{1}{a_1} \frac{1}{s(s + a_0/a_1)}$$ 임을 알 수 있다.

여기서, 부분 분수 전개를 이용하면

$$Y(s) = \frac{K_1}{s} + \frac{K_2}{s + (a_0/a_1)}$$ 형태로 구할 수 있다.

여기서 K_1, K_2 는 다음과 같이 구할 수 있다.

K_1 :

양변에 K_1의 분모 s를 곱하면

$$K_1 + \frac{K_2}{s + (a_0/a_1)} s = s\, Y(s)$$

이 식의 양변 값을 $s = 0$ 에서 계산하면 좌변은 K_1 만 남게 된다. 따라서

$$K_1 = s\,Y(s)|_{s=0}$$

$$= \frac{1}{a_1} \frac{s}{s(s+a_0/a_1)}\Bigg|_{s=0} = \frac{1}{a_0}$$

K_2 :

양변에 K_2의 분모 $s + a_0/a_1$ 을 곱하면

$$\frac{K_1}{s}(s+a_0/a_1) + K_2 = (s+a_0/a_1)\,Y(s)$$

이 식의 양변 합을 $s + a_0/a_1 = 0$ 즉, $s = -a_0/a_1$ 에서 구하면 좌변은 K_2 만 남게 된다.

따라서

$$K_2 = (s+a_0/a_1)\,Y(s)|\big|_{s=-a_0/a_1}$$

$$= \frac{1}{a_1} \frac{(s+a_0/a_1)}{s(s+a_0/a_1)}|\Bigg|_{s=-a_0/a_1}$$

$$= \frac{1}{a_1} \frac{1}{-a_0/a_1} = -\frac{1}{a_0}$$

따라서

$$Y(s) = \frac{1}{a_0}\frac{1}{s} - \frac{1}{a_0}\frac{1}{s+a_0/a_1}$$

Laplace 변환 관계를 생각하면

$$y(t) = \frac{1}{a_0} - \frac{1}{a_0}e^{-\frac{a_0}{a_1}t},\ t \geq 0 \ \text{또는}$$

$$y(t) = \left(\frac{1}{a_0} - \frac{1}{a_0}e^{-\frac{a_0}{a_1}t}\right)u_s(t)$$

특이해: 과도해(보조해):

강제응답   영 입력 응답

04 전달함수(Transfer Function)

4.1 | 전달함수(Transfer Function)

앞에서

$$\frac{d^2y}{dt^2} + 3\frac{dy}{dt} + 2y = u \quad 로$$

표시되는 계통에 대하여 단위 계단함수에 대한 출력을 Laplace 변환을 이용하여 구하였다.

그 출력은

$$y(t) = \underbrace{\frac{1}{2}}_{\text{특이해}} \underbrace{- e^{-t} + \frac{1}{2}e^{-2t}}_{\substack{\text{과도해(보조해):} \\ \text{영 입력 응답}}}, \ t \geq 0$$

위 출력에서 1/2 은 입력에 의해서만 결정되는 특이해이고 $-e^{-t} + \frac{1}{2}e^{-2t}$ 는 입력과 관계없이 계통의 내재적 특성과 초기조건에 의하여 정해지는 출력(과도해 또는 보조해)이다.

과도해(보조해)는 시간이 충분히 경과되면 그 영향이 없어지게 되므로 계통이 안정하기만 하다면 그 중요성이 특이해에 비하여 상대적으로 작다고 생각할 수 있다.

초기치는 3장에서 설명한 바와 같이 계통의 응답(출력)의 과도해의 계수에
만 영향을 미치므로 일반적으로 무시하여도 계통의 전체적인 특성을 파악하는
데 크게 문제가 되지 않는다.

어떤 계통을 나타내는 미분 방정식이 다음과 같이 주어졌을 때

$$\frac{d^2 y}{dt^2} + 3\frac{dy}{dt} + 2y = u$$

전달함수(Transfer Function)를 구하는 과정은 다음과 같다.

1) 초기 조건을 무시하고 Laplace Transform을 취한다.

$\longrightarrow$

$$s^2 Y(s) + 3s\,Y(s) + 2\,Y(s) = U(s)$$

2) 출력의 Laplace 변환 $Y(s)$에 대한 입력의 Laplace 변환 $U(s)$의 비
[$Y(s)/U(s)$]를 구한다.

$$\frac{Y(s)}{U(s)} = \frac{1}{s^2 + 3s + 2}$$

여기서 구한 $\dfrac{Y(s)}{U(s)} = \dfrac{1}{s^2 + 3s + 2}\,[= G(s)]$를 전달함수 (Transfer Function)
라 한다.

주의 계통의 안정성은 따로 본장의 뒷부분에서 다룬다.

4.2 전달함수(Transfer Function)의 의미에 관한 고찰

1) 전달함수(Transfer Function)는 입력/출력에 대한 정보는 배제되고 계통자체에 관한 정보만 담고 있다고 볼 수 있다.

2) 따라서 임의의 입력(그것의 Laplace 변환)이 주어지면 그 입력에 대한 계통의 출력을 $Y(s) = G(s)U(s)$ 의 형태로 표현 한다.

4.3 전달함수(Transfer Function)에 대한 유의사항

4.3.1 선형계통(Linear System)

전달함수(Transfer Function)의 개념은 기본적으로 중첩의 원리가 성립하는 선형계통에 대하여만 적용된다.

중첩의 원리(Superposition Principle) : 어떤 계통에 대하여

입력 u_1에 대한 출력이 y_1,

입력 u_2에 대한 출력이 y_2 일 때

입력 $u_1 + u_2$에 대한 출력이 $y_1 + y_2$가 될 경우

중첩의 원리가 적용 된다고 한다.

> 주의 실제로는 비선형 계통에도 전달함수의 개념을 적용하는 연구가 이루어져 있다. 학문적인 측면에서의 가치는 있다고 볼 수 있지만 너무 복잡하기 때문에 실제로 적용한다는 측면에서의 가치는 회의적이다.

4.3.2 선형계통(Linear System)을 구분하는 간단한 방법

어떤 계통을 나타내는 미분 방정식이 다음과 같이 주어졌을 때

$$\frac{d^2y}{dt^2} + 4\frac{dy}{dt} + 3y = u$$

$u(t)$ 는 강제입력, $y(t)$ 는 출력임을 알고 있다.

위와 같이 방정식의 우변에 강제입력 $u(t)$와 관련된 항(들)을 정리하고, 방정식의 좌변에 계통의 출력 $y(t)$와 그 미분 항들로 구성된 항들로 정리된 미분 방정식을 생각하자.

미분 방정식의 좌변에서 계통의 출력 $y(t)$와 그 미분 항들의 계수가 출력 $y(t)$와 그 미분 항들의 함수가 아니면 그 미분 방정식으로 표현된 계통은 선형계통(Linear System) 이다.

명확한 이해를 돕기 위해서 다시 한번 약간 다르게 설명하도록 한다.

미분 방정식의 좌변에서 계통의 출력 $y(t)$와 그 미분 항들의 계수가 출력 $y(t)$와 그 미분 항들의 함수이거나 출력의 비선형 함수를 포함하고 있으면 그 미분 방정식으로 표현된 계통은 비선형계통(Nonlinear System)이다.

예제

$\dfrac{d^2y}{dt^2} + y\dfrac{dy}{dt} + 3y = u$로 표현되는 계통은 선형계통(Linear System)인가 비선형계통 (Nonlinear System)인가?

미분 방정식의 좌변에서 계통의 출력 $y(t)$와 그 미분 항들의 계수가 출력 $y(t)$와 그 미분 항들의 함수이거나 출력의 비선형 함수를 포함하고 있으면 그 미분 방정식으로 표현된 계통은 비선형계통(Nonlinear System)이다. 위 미분 방정식은 이 조건에 해당되므로 비선형계통(Nonlinear System)이다.

$\dfrac{d^2 y}{dt^2} + 2\dfrac{dy}{dt} + \sin(y) = u$로 표현되는 계통은 선형계통(Linear System)인가 비선형계통(Nonlinear System)인가?

    미분 방정식의 좌변에서 계통의 출력 $y(t)$와 그 미분 항들의 계수가 출력 $y(t)$와 그 미분 항들의 함수이거나 출력의 비선형 함수를 포함하고 있으면 그 미분 방정식으로 표현된 계통은 비선형계통(Nonlinear System)이다. 위 미분 방정식은 이 조건에 해당되므로 비선형계통(Nonlinear System)이다.

$\dfrac{d^2 y}{dt^2} + 4\dfrac{dy}{dt} + yy = u$로 표현되는 계통은 선형계통(Linear System)인가 비선형계통(Nonlinear System)인가?

    미분 방정식의 좌변에서 계통의 출력 $y(t)$와 그 미분 항들의 계수가 출력 $y(t)$와 그 미분 항들의 함수이거나 출력의 비선형 함수를 포함하고 있으면 그 미분 방정식으로 표현된 계통은 비선형계통(Nonlinear System)이다. 위 미분 방정식은 이 조건에 해당되므로 비선형계통(Nonlinear System)이다.

$\dfrac{d^2 y}{dt^2} + a(t)\dfrac{dy}{dt} + b(t)y = u$로 표현되는 계통은 선형계통(Linear System)인가 비선형계통(Nonlinear System)인가?

    미분 방정식의 좌변에서 계통의 출력 $y(t)$와 그 미분 항들의 계수가 출력 $y(t)$와 그 미분 항들의 함수이거나 출력의 비선형 함수를 포함하고 있으면 그 미분 방정식으로 표현된 계통은 비선형계통(Nonlinear System)이다. 위 미분 방정식은 이 조건에 해당되지 않으므로 선형계통(Linear System)이다. 그런데 미분 방정식의 좌변에서 계통의 출력 $y(t)$와 그 미분 항들의 계수가 독립 변수인 시간(t)의 함수임을 알 수 있는데 이러한 계통은 시변 선형계통(Time Varying Linear System)이라 한다.

4.4 | 블록선도(Block Diagram)와 신호 흐름 선도

4.4.1 Block 선도(Block Diagram)

Block 선도는 계통의 구성이나 연결 관계를 간단히 표현하는데 쓰인다.
표현방법에 상당한 융통성이 있어서 단위 Block의 명칭이나, 특성, 전달함수 등을 이용하여 표현할 수 있으며 동일한 계통이라 하더라도 다음과 같이 다양하게 표현이 가능하다.

(1) 명칭만으로 표현한 경우

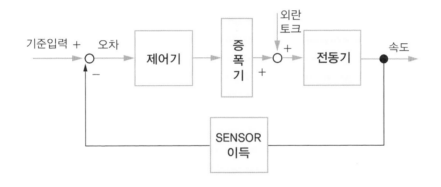

(2) Block 특성과 전달함수로 표현된 경우

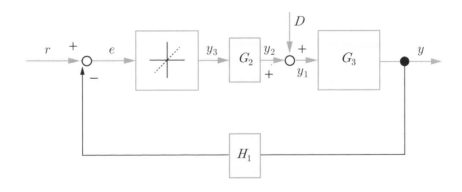

(3) 전달함수와 수학적 관계로 표현된 경우

계통에 대하여 이해하는 목적으로는 (1), (2)의 방법도 좋겠지만 수학적으로 정확히 표현하고 다루기 위한 목적으로는 (3)의 표현 방법이 바람직하다.

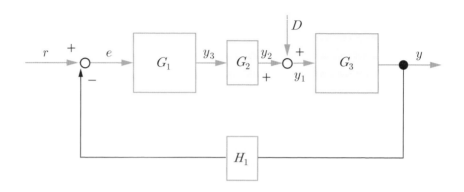

4.4.2 신호흐름 선도(Signal-Flow Graph)

신호흐름 선도는 Block 선도에서 변수간의 관계를 대수적인 수학적 인과관계로 보다 명확하게 표현한 것으로 생각할 수 있다.

신호흐름 선도의 기본적인 성질을 요약하면 다음과 같다.

(1) 선형계에만 적용된다.
(2) 원인과 결과 꼴의 대수식으로 표현되도록 구성한다.
(3) 마디는 변수를 나타내며 원인(입력)과 결과(출력)의 순서로 왼쪽에서 오른쪽으로 차례로 배열된다.
(4) 신호는 가지의 화살표 방향으로만 가지 이득이 곱해져서 이동한다.

위의 Block diagram을 신호 흐름 선도로 표현하면 다음과 같다.

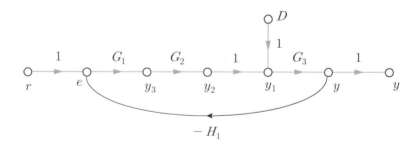

Block 선도와 신호 흐름 선도로부터 입출력 관계를 얻을 수 있는 일반적인 이득공식이 관찰에 의하여 알려져 있는데 이를 Mason's theorem이라고 부른다.

일반적인 이득 공식은 외견상 꽤 까다로워 보이는데 다행스럽게도 실제로 우리가 다루는 경우는 궤환 경로가 하나 혹은 두 개 정도인 경우가 대부분이므로 여기서는 일반적인 이득 공식은 소개하지 않고 궤환 경로가 하나 또는 두 개일 지라도 서로 겹치는 부분을 갖는 경우에 대해서만 소개 하도록 한다.

$$\frac{\text{출력}}{\text{입력}} = \frac{\text{입력에서 출력까지 거치는 전향 경로의 이득의 곱}}{1+(\text{첫 번째 궤환 경로의 이득의 곱}+\text{두 번째 궤환 경로의 이득의 곱}}$$

이 이득공식을 이용하여 앞의 계통에 대한 전달함수를 구하면 다음과 같다.

$$\frac{Y(s)}{R(s)} = \frac{G_1 G_2 G_3}{1 + G_1 G_2 G_3 H_1}$$

$$\frac{Y(s)}{D(s)} = \frac{G_3}{1 + G_1 G_2 G_3 H_1}$$

4.5 | 계통의 안정도(Stability)

다음과 같은 전달 함수로 표현된 계통을 생각하자.

$$U(s) \longrightarrow \boxed{G(s) = \frac{1}{s^2 + 3s + 2}} \longrightarrow Y(s)$$

입력이 단위 계단함수인 경우에 대하여 출력을 구해보자.

$u(t) = u_s(t)$ 이므로,

$U(s) = \dfrac{1}{s}$ 이고

$$Y(s) = G(s)U(s) = \frac{1}{s(s^2 + 3s + 2)}$$

정리하면

$$Y(s) = \frac{1}{s(s^2 + 3s + 2)}$$

부분분수 전개를 하면

$Y(s) = \dfrac{K_1}{s} + \dfrac{K_2}{s+1} + \dfrac{K_3}{s+2}$ 로 표현할 수 있다.

여기서 K_1, K_2, K_3 는

$$K_1 = sY(s)\big|_{s=0} = \frac{1}{2}$$

$$K_2 = (s+1)Y(s)\big|_{s=-1} = -1$$

$$K_3 = (s+2)Y(s)\big|_{s=-2} = \frac{1}{2}$$

로 구해지므로

$$Y(s) = \frac{1}{2}\frac{1}{s} - \frac{1}{s+1} + \frac{1}{2}\frac{1}{s+2}$$ 이 된다.

Laplace 변환 표로부터

$y(t) = \dfrac{1}{2} - e^{-1t} + \dfrac{1}{2}e^{-2t}, t \geq 0$ 이 된다.

$y(t)$와 전달함수를 비교해 보자.

$y(t)$를 그림으로 표시하면 다음과 같다.

아래 그림에서 보는 바와 같이 시간이 충분히 경과하면 과도해가 모두 없어지고 특이해(영 상태 응답)만 남게 된다는 것을 알 수 있다.

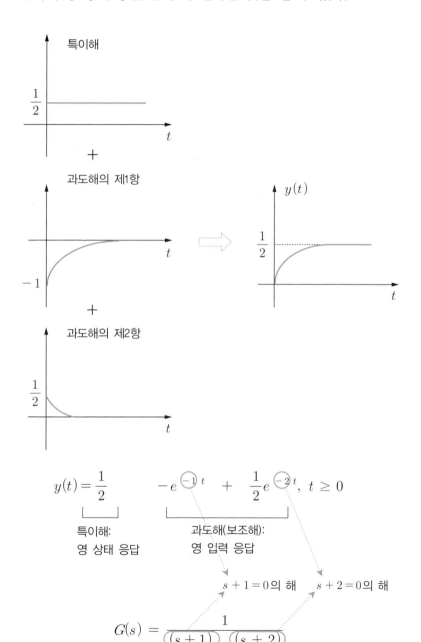

전달함수의 분모를 자세히 관찰해보면, 앞의 그림에서 보듯이 과도해의 지수함수의 지수부에 있어서 t의 계수들은 전달함수의 분모를 0으로 놓은 방정식의 해들이라는 것을 알 수 있다.

즉, e^{-1t} 에서 -1은 $s+1=0$ 의 해

e^{-2t} 에서 -2는 $s+2=0$ 의 해 라는 것을 알 수 있다.

이번에는 전달함수가

$G(s) = \dfrac{1}{s^2+2s-3}$ 인 경우 단위 계단 함수에 대한 출력을 생각해 보자.

$$U(s) \longrightarrow \boxed{\quad G(s) = \dfrac{1}{s^2+2s-3} \quad} \longrightarrow Y(s)$$

$U(s) = \dfrac{1}{s}$ 이므로

$$Y(s) = G(s)U(s) = \frac{1}{s(s^2+2s-3)}$$

정리하면

$$Y(s) = \frac{1}{s(s-1)(s+3)}$$ 이 되고,

부분분수 전개를 이용하면

$$Y(s) = \frac{K_1}{s} + \frac{K_2}{s-1} + \frac{K_3}{s+3}$$

로 표현 할 수 있다.

여기서

$$K_1 = s\,Y(s)\big|_{s=0} = -\frac{1}{3}$$

$$K_2 = (s-1)\,Y(s)\big|_{s=1} = \frac{1}{4}$$

$$K_3 = (s+3)\,Y(s)\big|_{s=-3} = \frac{1}{12}$$

로 구해지므로

$$Y(s) = -\frac{1}{3}\frac{1}{s} + \frac{1}{4}\frac{1}{s-1} + \frac{1}{12}\frac{1}{s+3} \quad \text{이고},$$

Laplace 변환 Table 을 이용하면

$$y(t) = -\frac{1}{3} + \frac{1}{4}e^{1t} + \frac{1}{12}e^{-3t}, \, t \geq 0$$

가 된다.

여기서 앞의 예와 마찬가지로 $y(t)$ 와 전달함수를 비교해 보자.

$$y(t) = -\frac{1}{3} + \frac{1}{4}e^{\boxed{+1}t} + \frac{1}{12}e^{\boxed{-3}t}, \, t \geq 0$$

특이해: 과도해(보조해):
영 상태 응답   영 입력 응답

$$s-1=0 \text{의 해} \quad s+3=0 \text{의 해}$$

$$G(s) = \frac{1}{(s-1)\,(s+3)}$$

과도해(보조해)를 이루는 지수 함수의 지수부에 있어서 t의 계수들은 앞에서 설명한 바와 같이 전달 함수의 분모를 0으로 놓은 방정식의 해라는 것을 알수 있다.

즉, e^{1t} 에서 1은 $s-1=0$ 의 해, e^{-3t} 에서 -3은 $s+3=0$ 의 해(Solution)이다.

그런데 여기서 $y(t)$를 그림으로 표시해보면 다음과 같다.

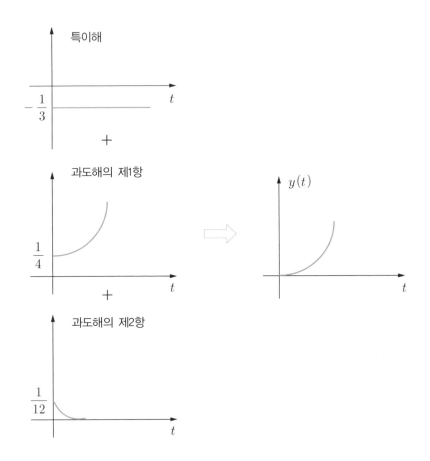

그림에서 보듯이 $y(t)$는 t가 증가함에 따라 무한히 증가함을 알 수 있고 그 원인은 과도해의 제1항 $\frac{1}{4}e^{1t}$ 때문인 것을 알 수 있다.

여기서 계통의 안정도(Stability)라는 개념을 설명해 보기로 한다.

안정도(Stability)는 계통의 출력이 입력지시를 제대로 따라가는 지를 나타내는 개념이다. 계통의 출력이 일정 범위를 벗어나 계속 크기가 증가하거나 진폭이 커지면서 진동하면 그 계는 불안정(不安定, Unstable)하다고 말한다.

따라서 첫 번째로 예를 든 계통은 안정(安定, Stable)한 계통이고 두 번째로 예를 들어 설명한 계통은 불안정(不安定, Unstable)한 계통이라는 것을 알 수 있다.

4.6 | 왜 특성방정식(Characteristic Equation) 인가?

앞에서 알게 된 중요한 사실은 계통의 응답은 특이해(영 상태 응답)와 과도해(또는 보조해, 영 입력 응답)로 이루어지는데 계통의 안정도는 과도해를 이루는 지수함수의 지수 부분의 t의 계수의 부호에 따라, 즉, 계수의 실수부가 음이 되어야 안정한 (Stable)계통이 된다는 사실이다. 그런데 과도해를 이루는 지수함수의 지수 부분의 t의 계수의 부호는 전달함수의 분모를 0으로 놓은 방정식의 해를 구하여 알 수 있음을 앞의 설명을 통하여 알게 되었다.

따라서 계통의 전달함수를 알게 되면 그 분모를 0으로 놓아 해를 구하고 그 해의 실수부의 부호와 허수부의 크기를 파악함으로써 계통의 안정도(Stability)와 제동(Damping) 특성을 파악할 수 있다는 결론을 얻을 수 있다. 이러한 연유로 전달함수의 분모를 0으로 놓은 방정식은 계통의 특성방정식(Characteristic Equation) 이라는 이름을 얻게 되었음을 이해하도록 하자.

> **주의** 주어진 전달함수에 대하여 이유는 생각하지도 않고 덮어놓고 분모를 0으로 놓는 것은 논리상 앞뒤가 뒤바뀐 것이라고 볼 수 있다. 만약 누군가 왜 그렇게 하는지 이유를 설명해 달라는 질문을 하였을 때 제대로 답변하기 힘들 수 있다는 사실을 생각해 보면 이것은 명확하다. 전달함수의 분모를 0으로 놓아 특성방정식을 구하고 계통의 안정도 특성을 구할 수 있다는 것은 앞에서 설명한 사항들을 이해한 결과라는 사실을 항상 명심하도록 하자.

예제

$$G(s) = \frac{1}{s^2 + 3s + 2}$$ 로 표현되는 전달함수에 대한 특성방정식은 $s^2 + 3s + 2 = 0$

이고 그 근이 $s = -1$, $s = -2$이고 실수부가 음이므로 계통은 안정적(Stable)이다.

예제

$$G(s) = \frac{1}{s^2 + 3s + 4} \rightarrow s = -\frac{3}{2} \pm j\frac{\sqrt{7}}{2}$$: 계통은 안정(Stable) 하다.

∵ 특성방정식 $s^2 + 3s + 4 = 0$ 의 근의 실수부가 음.

$$G(s) = \frac{1}{s^2 - s + 2} \rightarrow s = \frac{1}{2} \pm j\frac{\sqrt{7}}{2}$$: 계통은 불안정(Unstable) 하다.

∵ 특성방정식 $s^2 - s + 2 = 0$ 의 근의 실수부가 양.

예제

아래 그림과 같은 Block 선도로 표현된 계통의 특성방정식을 구하고 계통의 안정도를 판
정하시오.

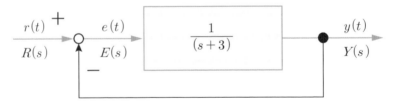

전달함수는 Mason's theorem 을 이용하면 다음과 같이 구해진다.

$$\frac{Y(s)}{R(s)} = \frac{\dfrac{1}{s+3}}{1 + \dfrac{1}{s+3}} = \frac{1}{s+3+1} = \frac{1}{s+4}$$

특성방정식은 $s + 4 = 0$ 이고 근이 $s = -4$ 즉 실수부가 음이므로 계통은 안정(Stable)하다.

4.7 | 특성방정식의 근의 위치에 따른 안정도 판정

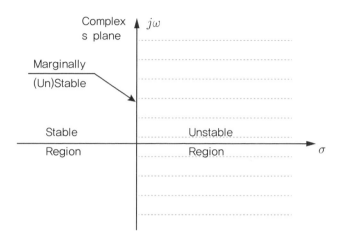

4.7.1 복소 s 평면상에서 특성방정식의 근의 위치에 따른 안정도 판정

- 안정(Stable) : 모든 근이 복소 s 평면의 좌측 반평면에 있는 경우

- 불안정(Unstable) : 최소한 하나의 근이라도 복소 s 평면의 우측 반평면에 있거나 모든 다중 근이 $j\omega$축 상에 있는 경우.

- 임계 안정, 임계 불안정(Marginally Stable, Marginally Unstable) : $j\omega$축 상에 단순 근이 존재하는 경우

> 주의 ① 계통이 적분기이거나 속도제어의 경우 $s=0$ 에 근을 가지지만 안정(Stable)으로 간주한다.
> ② 발진기로 설계된 계통의 경우 특성방정식은 $j\omega$ 축 상에 단순 근을 가지나 안정(Stable)인 것으로 간주한다. (의도적으로 특성방정식의 근을 $j\omega$축 상에 위치하도록 설계한 경우)

4.7.2 최종치 정리(Final Value Theorem)에 대한 고찰

3.4 절에서 최종치 정리를 이용하면 출력의 Laplace 변환 $Y(s)$로부터 바로 시간 영역해 $y(t)$의 정상상태 값 $y(\infty)$를 다음과 같이 구할 수 있음을 Laplace 변환의 기본 정의로부터 유도하고 설명하였다.

$$\lim_{t \to \infty} y(t) = \lim_{s \to 0} s\, Y(s)$$

제어 계통에서 출력은 특이해(Particular Solution)와 과도해(Transient Solution) 또는 보조해(Complementary Solution)의 합으로 구성되며 특이해(Particular Solution)는 특이하게도 입력과 기본적인 속성이 같다는 사실을 설명하였다. 출력의 정상상태 값을 생각할 수 있다는 것은 입력이 역시 정상상태 값을 갖는, (단위)계단 함수인 경우에 대한 (단위)계단 응답을 구하는 경우임을 항상 생각하도록 하자.

전달함수가 $G(s)$인 계통에 대한 단위계단 응답은 다음과 같이 표현할 수 있다.

$$Y(s) = G(s)\,U(s) = \frac{1}{s}\,G(s)$$

부분분수 전개를 이용하면 다음과 같이 나타낼 수 있다.

$$Y(s) = \frac{K_1}{s} + \frac{K_2}{s+p_1} + \frac{K_3}{s+p_2} + \cdots$$

첫 번째 항은 단위 계단함수 입력에 의한 것이며 두 번째 이후 항들은 전달함수 $G(s)$(의 분모 다항식)에서 유래된 항 들이다. K_1, K_2, K_3는 각 각 다음과 같이 구해진다.

$$K_1 = s\,Y(s)]_{s=0}, \quad K_2 = (s+p_1)\,Y(s)]_{s+p_1=0}, \quad K_3 = (s+p_2)\,Y(s)]_{s+p_2=0}$$

단위 계단함수와 지수함수에 대한 Laplace 변환식을 고려하면 시간 영역에서의 해는 다음과 같다.

$$y(t) = K_1 + K_2 e^{-p_1 t} + K_3 e^{-p_2 t} + \bullet\ \bullet\ \bullet$$

여기에서 만약 $-p_1$, $-p_2$ 등 지수함수에서의 t의 계수의 실수 부분이 음이라면 $t = \infty$인 정상상태에서는 특이해 K_1만 남게 되고 정상상태에서의 출력 값은 다음과 같이 구해질 수 있음을 알 수 있다.

$$y(\infty) = K_1 = s\,Y(s)]_{s=0}$$

Laplace 변환의 정의 식으로부터 유도된 결과와 부분분수 전개를 이용하여 얻은 결과가 동일하다는 사실에 주목하자.

그런데 여기에서 한 가지 유의해야할 사항이 있다. 바로 전달함수 $G(s)$(의 분모 다항식)에서 유래된 $-p_1$, $-p_2$ 등 지수함수에서의 t의 계수의 실수 부분이 음이라는 조건이 충족되어야만 $t = \infty$인 정상상태에서 특이해 K_1만 남게 된다는 사실이다. 그렇지 않은 경우 최종치 정리는 성립하지 않으며 비록 최종치 정리로 그럴싸한 계산 결과를 얻는다 해도 그 결과는 무의미한 것이라는 사실을 명심하도록 하자. 반드시 $s\,Y(s)$즉 전달함수 $G(s)$의 분모 다항식을 0으로 놓은 특성방정식의 해의 실수부 부호를 확인한 후에 즉 계통이 안정(Stable)하다는 것을 확인한 후에 최종치 정리를 적용하여야 할 것이다.

다음의 미분 방정식으로 표현되는 계통을 생각하자.

$$\frac{d^2y}{dt^2} + 5\frac{dy}{dt} + 6y = \frac{du}{dt} + u$$

전달함수를 구하기 위해 다음의 과정을 거친다.

1) 초기 조건을 무시하고 Laplace 변환을 취한다.

$$s^2\,Y(s) + 5s\,Y(s) + 6\,Y(s) = s\,U(s) + U(s)$$

2) 출력의 Laplace 변환 $Y(s)$에 대한 입력의 Laplace 변환 $U(s)$의 비를 구하면 다음과 같이 전달함수를 얻는다.

$$\frac{Y(s)}{U(s)} = \frac{s+1}{s^2+5s+6}(= G(s))$$

4.8.1 극점(Pole)

특성방정식(characteristic equation) $s^2 + 5s + 6 = 0$의 근 $s = -2$, $s = -3$ 이 계통의 안정도를 파악하는데 중요함은 앞에서도 언급하였지만 동시에 특성 방정식의 근에서 전달함수의 함수 값은 ∞ 가 된다. 더 나아가 전달함수의 미분 도 근이 위치한 점에서는 모두 ∞ 가 된다. 이것을 수학적으로 근이 위치한 점에 서 함수, 도함수들이 정의(定意, Define)되지 않는다고 하고 해석적(Analytic) 이지 않다고 말하며 그러한 근을 **특이점**(Singularity) 또는 **극점**(Pole)이라고 한다.

4.8.2 영점(Zero)

전달 함수의 함수 값 크기가 0이 되는 s 평면상의 점. 위의 전달함수에 대하여는 $s = -1$이 영점이 됨을 알 수 있다. 무한대에 있는 극점, 영점(중복 극점, 영점 포함)을 고려하면 극점의 총수는 영점의 총수와 같다.

앞의 전달함수에 대하여 생각해보면,
$s = -2$, $s = -3$에 두 개의 유한한 극점을 $s = -1$에 한 개의 유한한 영점을 갖는다.

그리고 $\displaystyle \lim_{s \to \infty} G(s) = \lim_{s \to \infty} \frac{1}{s} = 0$ 임을 고려하면

$s = \infty$에 하나의 영점이 더 존재한다.

극점(Pole)은 막대기라는 뜻도 갖고 있는데 전달 함수의 함수 값의 절대치를 허수축을 무시하고 실축과 함수 값 축으로만 대략 그려보면 아래와 같다.

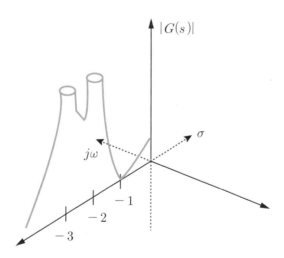

4.8.3 계통의 안정도 판정방법

전달함수의 특성방정식의 근(극점)을 구해서 계통의 안정도를 판정할 수 있음을 알고 있다. 오늘날에는 편리하게 MATLAB 등 상용 Software Package의 근을 구하는 기능을 이용하여 구할 수 있다.

그런데 설계를 목적으로 하는 경우, 미지이거나 가변 Parameter 가 특성방정식의 계수가 되는 경우가 있으며 이 경우 근을 구하는 프로그램을 사용하는 것이 불가능 할 수도 있다.

근을 직접 구하지 않고 선형계통의 안정도를 판정하는 방법을 소개하면 다음과 같다.

1) Routh-Hurwitz 판정법

다음의 특성 방정식을 갖는 계통을 생각하자.

$$(s+1)(s-2)(s-3) = s^3 - 4s^2 + s + 6 = 0$$

Routh 배열을 다음과 같이 만든다.

첫째 : s^n(n=3) 에서 s^0 행 까지 다음과 같이 두 열을 만든다.

$$
\begin{array}{lcc}
s^3 : & 1 & 1 \\[2mm]
s^2 : & -4 & 6 \\[2mm]
s^1 : & \dfrac{-4 \times 1 - 1 \times 6}{-4} = 2.5 & 0 \\[4mm]
s^0 : & \dfrac{2.5 \times 6 - (-4) \times 0}{2.5} = 6 & 0
\end{array}
$$

둘째 : 만들어진 Routh 배열의 1열에 있는 요소들의 부호 변경 횟수만큼 복소 s 평면의 우측 반평면에 근이 존재하는 것으로 판정이 된다. 이 경우 두 번의 부호 변경이 있으므로 복소 s 평면의 우측 반 평면부에 두 개의 근이 있고 계통은 불안정(Unstable)함을 알 수 있다.

다음의 특성 방정식을 갖는 계통의 안정도를 판별하라.

$$2s^4 + s^3 + 3s^2 + 5s + 10 = 0$$

Routh 배열은 다음과 같다.

$s^4 :$　　　2　　　　　　　3　　　　10

$s^3 :$　　　1　　　　　　　5　　　　0

$s^2 :$　$\dfrac{1 \times 3 - 2 \times 5}{1} = -7$　　$\dfrac{1 \times 10 - 2 \times 0}{1}$　　0

$s^1 :$　$\dfrac{-7 \times 5 - 1 \times 10}{-7} = \dfrac{45}{7}$　　0　　　0

$s^0 :$　$\dfrac{(\frac{45}{7})10 - 0}{(\frac{45}{7})} = 10$　　0　　　0

Routh 배열의 1열에 있는 요소들의 부호가 2번 바뀌므로 복소 s 평면의 우 반부에 두 개의 근이 있고 계통은 불안정(Unstable)함을 알 수 있다.

특성방정식이 $s^2 + 3s + 2 = 0$ 인 계통의 안정도를 판별하라.

Routh 배열 :

$s^2 :$　　　1　　　　2

$s^1 :$　　　3　　　　0

$s^0 :$　$\dfrac{3 \times 2 - 1 \times 0}{3} = 2$　　0

Routh 배열의 1열에 있는 요소들의 부호변동이 없으므로 계통은 안정(Stable) 하다.

특성 방정식이 $s^2 + 2s - 3 = 0$인 계통의 안정도를 판별하라.

Routh 배열 :

$$
\begin{array}{rcc}
s^2 : & 1 & -3 \\
s^1 : & 2 & 0 \\
s^0 : & \dfrac{2 \times -3 - 1 \times 0}{2} = -3 & 0
\end{array}
$$

Routh 배열의 1열에 있는 요소들의 부호가 1번 변화하였으며, 따라서 복소 s 평면의 우반부에 1개의 근이 존재한다.

계통은 불안정(Unstable) 하다.

특성방정식이 $s^2 + 3s + K = 0$ 인 계통이 안정할 수 있는 K의 범위를 구하라.

Routh 배열 :

$$
\begin{array}{rcc}
s^2 : & 1 & K \\
s^1 : & 3 & 0 \\
s^0 : & \dfrac{3 \times K - 1 \times 0}{3} = K & 0
\end{array}
$$

Routh 배열의 1열에 있는 요소들의 부호변동이 없어야 하므로 $K > 0$ 이면 계통은 안정(Stable)하다.

특성방정식이 $s^3 + 3s^2 + 2s + K = 0$ 인 계통이 안정할 수 있는 K의 범위를 구하라.

Routh 배열 :

$$s^3 : \qquad\qquad 1 \qquad\qquad\qquad 2$$

$$s^2 : \qquad\qquad 3 \qquad\qquad\qquad K$$

$$s^1 : \quad \frac{3 \times 2 - 1 \times K}{3}(= a) \qquad 0$$

$$s^0 : \quad \frac{a \times K - 3 \times 0}{a} = K \qquad 0$$

Routh 배열의 1열에 있는 요소들의 부호변동이 없어야 하므로 $K < 6,\ K > 0$ 을 동시에 만족시켜야 하며 따라서 $0 < K < 6$ 이면 계통은 안정(Stable)하다.

이밖에 주파수 영역에서 계통의 안정도를 판정하는 방법으로 Nyquist 판정법, Bode 선도를 이용하는 방법 등이 있다.

05 제어계통의 시간 영역 해석 및 설계

5.1 | 제어계통의 시간 영역 해석

다음과 같은 제어계통을 생각하자.

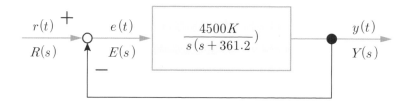

이 계통의 전달 함수는

$$\frac{Y(s)}{R(s)} = \frac{4500K}{s^2 + 361.2s + 4500K}$$

이고 K는 계통 내에서 변화 가능한 Parameter(제어기의 이득 값 또는 온도나 부하의 변화에 따라 변동이 가능한, 예를 들어 전동기의 권선저항 등을 생각하자.) 이다.

이 계통에 대한 단위 계단 응답은 다음과 같다.

$$y(t) = L^{-1}[\frac{4500K}{s(s^2 + 361.2s + 4500K)}]$$

특성 방정식이 $s^2 + 361.2s + 4500K = 0$ 이므로, K 값의 크기에 따라 특성

방정식의 근과 그에 따른 응답이 다음과 같이 달라진다는 것을 알 수 있다.

$361.2^2 - 4 \times 4500K > 0$ 즉 $K < 7.248$ 인 경우에 서로 다른 두 개의 실근을 갖는다.

$361.2^2 - 4 \times 4500K = 0$ 즉 $K = 7.248$ 인 경우에 서로 같은 두 개의 실근(중복근)을 갖는다.

$361.2^2 - 4 \times 4500K < 0$ 즉 $K > 7.248$ 인 경우에 서로 다른 두 개의 복소근을 갖는다.

여기서 대표적으로 네 개의 K 값에 대한 응답을 보자.

$K = 3.624$ 일 때는 특성방정식의 근이 서로 다른 두 개의 실근을 가지며 단위 계단응답은 다음과 같다. (부분분수 전개 또는 Laplace 변환표 이용)

$$y(t) = (1 - 1.207e^{-52.9t} + 0.207e^{-308.3t})u_s(t)$$

$K = 7.248$ 일 때는 특성방정식의 근이 서로 같은 두 개의 실근(중복근)을 가지며 단위 계단응답은 다음과 같다. (Laplace 변환표 이용)

$$y(t) = (1 - e^{-180.6t} - 180.6te^{-180.6t})u_s(t)$$

$K = 14.5$ 일 때는 특성방정식의 근은 복소수가 되며 단위계단 응답은 다음과 같다. (Laplace 변환표 이용)

$$y(t) = (1 - e^{-180.6t}\cos 180.6t - 0.9997e^{-180.6t}\sin 180.6t)u_s(t)$$

$K = 181.2$ 일 때는 특성방정식의 근은 복소수가 되며 단위계단 응답은 다음과 같다. (Laplace 변환표 이용)

$$y(t) = (1 - e^{-180.6t}\cos 884.7t - 0.2041e^{-180.6t}\sin 884.7t)u_s(t)$$

이것을 시간영역에서 그림으로 표시하면 다음과 같다.

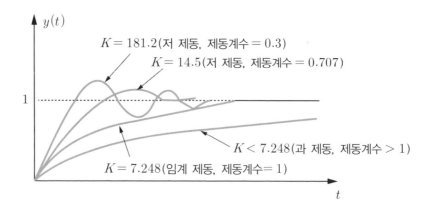

앞에서 구한 2차 계통(Second-order System)은 ξ(제동계수)와 w_n(계통의 Natural Frequency)로 표현되는 항들을 사용하여 표준 2차 계통(Standard 2nd Order System)이라고 부르는 일반적인 형태로 아래와 같이 표현할 수 있다.

$$\frac{Y(s)}{R(s)} = \frac{w_n^2}{s^2 + 2\xi w_n s + w_n^2}$$

(ξ : 제동 계수, w_n : 계통의 Natural Frequency)

위에서 나타낸 바와 같이 ξ 는 제동 계수라고 하며 그 크기에 따라 다음과 같이 응답의 특성이 분류된다.

$\xi > 1$: 과 제동(過 制動, Over Damped)이라 하며 극점이 서로 다른 음의 실수 ($-\xi w_n \pm w_n \sqrt{\xi^2 - 1}$)로 구성되며 단위 계단응답이 가장 느린 특성을 보인다.

$\xi = 1$: 임계 제동(臨界 制動, Critically Damped)이라 하며 극점이 서로 같은 음의 실수(중복 근, $-\xi w_n = -w_n$)로 구성되며 단위 계단응답이 과 제동 보

다는 빠른 특성을 보인다. 또한 응답에서 Overshoot가 발생하지 않는 마지막 경계지점 응답이 된다.

$0 < \xi < 1$: 저 제동(抵 制動, Under Damped)이라 하며 극점이 실수부가 음인 서로 다른 복소수($-\xi w_n \pm j w_n \sqrt{1-\xi^2}$)로 구성되며 단위 계단응답이 가장 빠른 특성을 보이지만 Overshoot 가 발생하기 시작한다. 보통 제동계수 ξ 가 0.707 이 되는 경우의 응답 특성이 비교적 우수한 것으로 받아들여지고 있다. ξ 가 점점 더 작아질수록($1 \rightarrow 0$) 조금 더 큰 Overshoot 가 발생하게 되며 감쇄 하는 진동(Oscillation)이 발생하는 구간도 길어지고 주파수($w_n \sqrt{1-\xi^2}$) 도 점점 w_n 에 가깝게($0 \rightarrow w_n$) 증가하게 된다.

예제

전달함수가 $G(s) = \dfrac{4500K}{s^2 + 361.2s + 4500K}$ 인 계통에 대하여 $K = 3.624$, $K = 7.248$, $K = 14.5$ 각각의 경우에 대하여 제동계수 ξ 를 구하라.

$K = 3.624$ 인 경우,

$$\frac{4500K}{s^2 + 361.2s + 4500K} = \frac{(\sqrt{4500 \times 3.624})^2}{s^2 + 361.2s + (\sqrt{4500 \times 3.624})^2}$$

$$= \frac{(127.7)^2}{s^2 + (2 \times 1.414 \times 127.7)s + (127.7)^2}$$

이 되어 제동계수는 $\xi = 1.414$ 임을 알 수 있다.

$K = 7.248$ 인 경우,

$$\frac{4500K}{s^2 + 361.2s + 4500K} = \frac{(\sqrt{4500 \times 7.248})^2}{s^2 + 361.2s + (\sqrt{4500 \times 7.248})^2}$$

$$= \frac{(180.6)^2}{s^2 + (2 \times 1 \times 180.6)s + (180.6)^2}$$

이 되어 제동계수는 $\xi = 1$ 임을 알 수 있다.

$K = 14.5$ 인 경우,

$$\frac{4500K}{s^2 + 361.2s + 4500K} = \frac{(\sqrt{4500 \times 14.5})^2}{s^2 + 361.2s + (\sqrt{4500 \times 14.5})^2}$$

$$= \frac{(255.44)^2}{s^2 + (2 \times 0.707 \times 255.44)s + (255.44)^2}$$

이 되어 제동계수는 $\xi = 0.707$ 임을 알 수 있다.

앞에서 보인 일반적인 형태로 표현된 전달함수에서 w_n 로 표현된 항은 계통의 natural frequency 라고 하며 계통의 내재적인 또는 자연적인 특성에 의하여 나타나는 주파수라는 의미로 받아들일 수 있겠다. 감쇄 하는 진동의 주파수는 $w_n\sqrt{1-\xi^2}$ 으로 표현 되며 ξ 가 $1 \rightarrow 0$ 으로 변화하는 경우 주파수는 $0 \rightarrow w_n$ 로 변화하게 된다.

한편 Overshoot의 크기를 해석적으로 구할 수 있는데 그 과정을 생략하고 결과만 소개하면 아래와 같다.

Percent Overshoot (P.O.) : $100e^{-\pi\xi/\sqrt{1-\xi^2}}$

또한 응답이 정상상태 응답의 $\pm 5\%$ 범위 안에 들어오게 되는 시간을 5% 정착 시간 (Settling Time) t_s 라 하며 제동계수 ξ 의 크기 범위에 따라 다음과 같이 구할 수 있다.

$$t_s = \frac{3.2}{\xi w_n}(0 < \xi < 0.69)$$

$$t_s = \frac{4.5\xi}{w_n}(\xi > 0.69)$$

이 결과들을 제어계통의 성능을 평가하거나 제어계통을 설계하는데 두루 이용할 수 있다.

3차 이상의 계통으로 Modelling 되는 계통들도 있으나 등가적으로 2차 계통으로 Modelling 할 수 있으므로, 2차 계통의 시간응답에 대한 깊이 있는 이해는 제어계통의 성능을 평가하거나 제어계통을 설계하는데 상당한 도움이 된다.

참고로 (단위)계단 입력에 대한 정상상태 응답의 50%에 도달하게 되는 시간을 지연 시간 (Delay Time) t_d 라 한다.

앞 절에서 설명한 부분에서 K 가 제어기의 이득이라고 할 때 이득 K 가 변화함에 따라 특성방정식의 근은 두 개의 실근에서 두 개의 복소수로 변화하고 두 개의 복소수를 근으로 갖는 경우에도 K 가 변화함에 따라 그 실수부와 허수부 크기도 변경됨을 알 수 있다.

또한 이것은 그대로 응답의 특성으로 나타남을 알 수 있다.

여기서 제어기의 설계라는 것이 본질적으로 원하는 (시간)응답이 얻어질 수 있도록 특성방정식(Characteristic Equation)의 근의 위치를 바꾸는 것이라는 사실을 깨달을 수 있으며 이러한 사실을 아주 중요한 기본적인 개념으로서 특별히 강조해 두고자 한다.

특성 방정식의 근의 위치를 바꿀 뿐만 아니라 원하는 위치에 극점과 영점을 추가하거나 상쇄시키는 설계 방법들 까지를 포함하면 고전적인 제어기설계 방법은 다음과 같이 요약할 수 있다.

- PID제어기
- 진상제어기(Lead compensator)
- 지상제어기(Lag compensator)
- 극점-영점 상쇄설계 등

5.2.1 PID 제어기의 일반적인 특성

■ 비례 제어기(Proportional Controller)

보통 P 제어기라고 부르는 경우가 많다. 일반적으로 오차를 줄여주는 기능을 갖지만 완전히 0 으로 만들지는 못한다. 오차를 충분히 작게 만들기 위해 비례 제어기의 이득을 계속 크게 취할 수는 없다는 한계가 있다.

■ **적분 제어기(Integral Controller)**

보통 I 제어기라고 부르는 경우가 많다. 일반적으로 오차를 누적하여(적분) 제어 입력을 가해주기 때문에 오차를 완전히 0 으로 만들 수 있다. 일반적으로 계통의 안정도를 악화시킨다는 문제가 있으므로 계통의 안정도와 관련하여 주의하여 사용하여야 한다. I 제어기의 이득을 크게 취할 경우 출력이 포화되어 과도한 Overshoot 현상이 발생하거나 계통이 불안정 해질 수 있다. 이러한 현상은 Wind up 으로 알려져 있으며 아래 그림과 같은 구조를 갖는 Anti Wind up 보상기를 적용하여 극복, 완화가 가능하다.

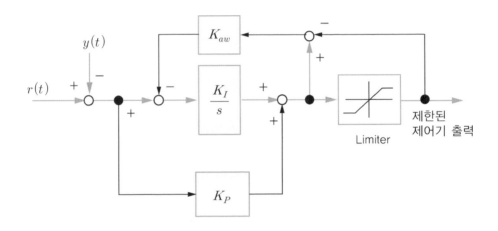

실제로 영구자석 동기 전동기(Permanent Magnet Synchronous Motor: PMSM)의 속도제어 System에서 구현하여 적용해 본 결과 Anti Wind up 이득 K_{aw} 는 I(적분) 제어기 이득 K_I 보다 $\frac{1}{3}$ ~ $\frac{1}{4}$ 정도의 값을 사용하여 무난하게 동작(Work well)하는 결과를 확인하였다.

■ **미분 제어기(Derivative Controller)**

보통 D 제어기라고 부르는 경우가 많다. 오차의 미분을 취하는 제어기 이므로 고주파 잡음(Noise)이 섞여 들어오는 경우 취약하다는 단점이 있다. 일반적으로 계통의 안정도를 향상시킬 수 있다는 특징이 있다.

P, I, D 제어기를 조합하여 다양한 제어기를 설계하는 것이 가능한데 여기서는 몇 가지 의미 있는 지침을 제시하기로 한다.

■ P 제어기

정상상태 오차를 감내할 수준으로 줄이기만 해도 되는 경우에 사용하면 좋은 방법이다. P 제어기를 적용하였을 때의 응답을 구해서 정상상태 오차가 감내할 수 있는 수준으로 감소하는지, 안정도 등에 문제는 없는지 등을 확인하고 사용할 수 있을 것이다. 그러나 실제로 적용하는데 있어서는, 모든 제어기에 다 해당되는 것이지만, 제어공학의 관점에서만 제어기를 설계하면 다른 문제가 발생할 수도 있다. 예를 들면 제어 계통을 구성하는 관련되는 부분 중에서 전력전자 회로 등의 전류제어 부분 등의 동작 조건이 악화될 수도 있다. 또한 제어기를 구성하는 Hardware, Software의 제한에 따라서 어느 정도 크기 이상의 P 제어 이득은 실제로 가해줄 수 없는 경우도 있게 된다. 실제로는 P 제어기의 크기를 조금씩 바꾸면서 좋은 응답을 보이는 값을 찾고 이 값을 사용해도 좋은지 나중에 이론적으로 분석하는 과정을 거칠 수도 있다.

■ PI 제어기

제어기를 사용하기 전에 계통의 안정도 특성이 어느 정도 여유가 있으며 정상상태 오차를 줄이는 것이 보다 더 중요한 경우에 고려해 볼만한 방법이다. PI 제어기를 적용하였을 때의 응답을 구해서 정상상태 오차가 감내할 수 있는 수준 또는 0으로 감소하는지, 극점 등 안정도를 결정하는 요소들이 만족스러운지 검토하면서 적용할 수 있을 것이다. 그러나 실제로 적용하는데 있어서는 I 제어기의 이득을 작은 값부터 시작해서 응답 특성을 보면서 조금씩 증가 시키는 방법을 사용하는 경우도 많다. Anti windup 제어를 적용 하면 I 제어기의 이득을 정하는데 좀 더 여유를 가질 수 있을 것이다.

■ PD 제어기

제어기를 사용하기 전에 계통의 안정도 특성이 좋지 않아서 안정도를 개선하는 문제가 더 중요한 경우에 고려해 볼만한 방법이다. PD 제어기를 적용하였을 때의 응답을 구해서 극점 등 안정도를 결정하는 요소들이 만족스러운지 검토하면서 적용할 수 있을 것이다.

■ PID 제어기

안정도, 정상상태 오차, 과도응답 특성 등을 두루 개선해야 하는 경우라면 PID 제어기를 사용해야 할 것이다. Matlab 등의 상용 Program을 사용해서 여러 가지 개념을 적용한 제어기를 설계할 수 있을 것이다.

학생들 입장에서 생각한다면 여기서 제기될 수 있는 질문이 한 가지 있을 것이다. PID 제어기(P, PI, PD 제어기를 포괄하여 이렇게 지칭하자.)를 포함하여 앞에서 언급된 고전 제어기 들을, 원하는 조건들을 충족하도록, 한 번에 명쾌하게 설계할 수 있는 확실한 이론적인 방법이 있느냐 라는 질문이 있을 수 있다고 생각된다.

현재 일반적으로 받아들여지고 있는 생각을 결론부터 말한다면 아직까지 그러한 방법은 없다는 것이다. 그만큼 제어계를 구성하는 요소와 환경은 복합적이고 깨끗하지 않다고 할 수 있으며 원하는 환경에서 잘 동작하는(Work well) 제어기를 설계하는 문제는 대부분의 경우 그렇게 단순하지도 그렇게 쉽지도 않다. 제어계통에 포함된 전기, 기계부의 응답 시정수 특성을 고려한다든지 등의 방법도 있을 수 있겠지만 이는 복잡한 구성 요소의 특징을 합리적으로 고려한다는 대전제의 일부분일 뿐 궁극적인 답이 될 수는 없다고 생각된다. 예외적으로 비교적 응답속도가 느린 온도, 유량, 액면, 압력제어를 포함하는 공정제어(Process Control) 분야의 경우 시험 응답 특성을 보고 PID 이득을 정해줄 수 있는 Ziegler Nichols 방법 등이 알려져 있으며 제어기 운전 중에 자동으로 PID 이득을 정해주는 Auto Tuning 기능을 탑재한 지시 조절계(Indicating Controller) 들이 여러 회사들로부터 상용화 되어 출시되고 있다.

실제로 제어기를 설계, 구현하는 경우 위에서 설명한 기본적인 사항들을 바탕으로 하면서 시행착오(Trial and error) 과정을 거쳐서 수행하는 경우가 일반적이다. 이러한 과정에서 단순하게는 오차 해석(Error Analysis)과 안정도 해석부터 근 궤적법, Bode 선도, 상태 방정식을 이용한 설계 등 다양한 설계 방법이, 제어기의 구조 측면에서는 PID 제어기, 진상 제어기, 지상 제어기, 극점–영점 상쇄 설계, 극점 배치 설계 등 다양한 방법이 동원될 수 있을 것이다.

5.2.2 제어기 설계 예

DC Motor 의 속도제어를 위한 PID 제어기 설계 사례를 함께 생각해 보기로 하자.

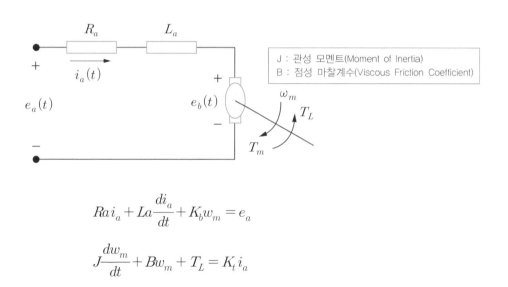

$$Ra\,i_a + La\frac{di_a}{dt} + K_b w_m = e_a$$

$$J\frac{dw_m}{dt} + Bw_m + T_L = K_t\,i_a$$

- w_m^*, w_m : 속도 명령, 속도

- i_a^*, i_a : 전류 명령, 전류

- K_t : Torque 상수

- K_b : 역기전력 상수

- T_L : 부하 Torque

(1) Speed controller: PI control 인 경우

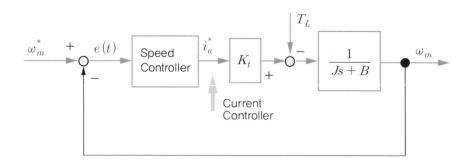

Speed Controller의 전달함수가 $G'_s(s) = (K'_P + \dfrac{K'_I}{s})$ 일 때

Torque 상수 K_t 를 고려하면 $G_s(s) = (K_P + \dfrac{K_I}{s})$ 이 되고

속도제어계에 대한 전달함수(Transfer Function)는 다음과 같다.

$$\frac{\Omega_m(s)}{\Omega_m^*(s)} = \frac{K_P s + K_I}{J s^2 + (B + K_P)s + K_I}$$

여기서 안정도(Stability)와 출력 특성을 만족하도록 K_P, K_I 를 선택한다.

부하 Torque 에 대한 속도의 응답을 나타내는 전달 함수는 다음과 같다.

$$\frac{\Omega_m(s)}{T_L(s)} = \frac{s}{J s^2 + (B + K_P)s + K_I}$$

주어진 입력에 대하여 얼마만큼의 오차가 발생하는지를 구하는 것을 오차해석(Error Analysis)이라하며, 당연히 오차가 작을수록 (궁극적으로는 0) 바람직하다.

단위계단 속도명령(Step Speed Command) 에 대하여 오차해석을 행하면

다음과 같은 결과를 얻는다. (최종치 정리 이용)

$$\frac{E(s)}{\Omega_m^*(s)} = \frac{\Omega_m^*(s) - \Omega_m(s)}{\Omega_m^*(s)} = 1 - \frac{\Omega_m(s)}{\Omega_m^*(s)} = \frac{s(Js+B)}{Js^2 + (B+K_P)s + K_I}$$

$$e(\infty) = \lim_{s \to 0} sE(s) = \lim_{s \to 0} s\frac{s(Js+B)}{Js^2 + (B+K_P)s + K_I}\frac{1}{s} = 0$$

부하 Torque에 대한 속도의 응답은 그 자체로 오차의 성격이 있음을 고려하고 같은 방법으로 부하 Torque에 의한 영향을 구해보면 다음과 같다.

$$\frac{E(s)}{T_L(s)} = \frac{s}{Js^2 + (B+K_P)s + K_I}$$

$$e(\infty) = \lim_{s \to 0} sE(s) = \lim_{s \to 0} s\frac{s}{Js^2 + (B+K_P)s + K_I}\frac{1}{s} = 0$$

안정도(Stability)와 출력 특성을 만족하도록 K_P, K_I 를 선택하면 속도 명령에 대한 정상상태 오차가 없고 부하 Torque 변동에 따른 정상상태 속도오차도 없는 제어 성능을 기대할 수 있음을 알 수 있다.

여기서 위에서 설명한 계통이 안정(Stable)할 수 있는 기본적인 조건을 Routh-Hurwitz 판정법을 이용하여 아래의 예제를 통하여 살펴보도록 하자.

예제

특성방정식이 $s^2 + \dfrac{B+K_P}{J}s + \dfrac{K_I}{J} = 0$ 인 계통이 안정할 수 있는 K_P 와 K_I 의 범위를 구하라.

Routh 배열 :

$$
\begin{array}{ccc}
s^2 : & J & K_I \\[6pt]
s^1 : & (B+K_P) & 0 \\[6pt]
s^0 : & K_I & 0
\end{array}
$$

관성 모멘트(Moment of Inertia) J 와 점성 마찰계수(Viscous Friction Coefficient) B 가 양의 실수임은 우리가 잘 알고 있으며 Routh 배열의 1열에 있는 요소들의 부호변동이 없어야 하므로 $K_P > 0$, $K_I > 0$ 을 만족하면 기본적으로 계통은 안정(Stable)하다.

만약 특별히 원하는 Percent overshoot, Settling time 등의 사양이 있다면 $K_P > 0$, $K_I > 0$ 라는 기본적인 조건 외에 이 사양을 충족하도록 K_P, K_I 의 이득 값을 구하여야 할 것이며 다음의 내용이 이러한 설계의 예를 이해하는데 도움이 될 것이다.

(2) 2차 계통의 과도응답과 설계에의 응용

$$\frac{Y(s)}{R(s)} = \frac{w_n^2}{s^2 + 2\xi w_n s + w_n^2}$$

(ξ : 제동 계수, w_n : 계통의 Natural Frequency)

$\rightarrow$ Percent Overshoot (P.O.) : $100e^{-\pi\xi/\sqrt{1-\xi^2}}$

Settling time (5%):

$$t_s = \frac{3.2}{\xi w_n} (0 < \xi < 0.69)$$

$$t_s = \frac{4.5\xi}{w_n} (\xi > 0.69)$$

원하는 Percent Overshoot, Settling Time 이 얻어질 수 있도록 제어기의 이득을 조정하는 과정을 제어기 설계라 할 수 있으며 어느 정도의 시행착오 과정을 수반하는 경우가 대부분이다.

예제

다음의 Block Diagram으로 표현되는 계통은 Missile의 가속도 제어계이다.

(1) 전달함수를 구하라.

(2) $K_A = 16$, $q = 4$, $K_R = 4$ 인 경우에 계통의 Natural Frequency w_n과 제동계수 ξ 를 구하라.

(3) 단위 계단함수 입력에 대하여 Percent Overshoot(P.O.) 와 5% Settling Time (t_s)
을 구하라.

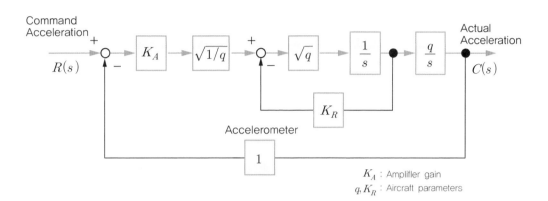

K_A : Amplifier gain
q, K_R : Aircraft parameters

(1) Mason's theorem 을 이용하면 다음과 같이 구해진다.

$$\frac{C(s)}{R(s)} = \frac{\dfrac{qK_A}{s^2}1}{1 + \dfrac{\sqrt{q}}{s}K_R + \dfrac{qK_A}{s^2}} = \frac{qK_A}{s^2 + \sqrt{q}\,K_R\,s + qK_A}$$

(2) $K_A = 16$, $q = 4$, $K_R = 4$ 이므로

$$\frac{C(s)}{R(s)} = \frac{64}{s^2 + 8\,s + 64}$$

따라서 $w_n = \sqrt{64} = 8$ 이고

$2\xi w_n = 8$ 로부터 제동계수는 $\xi = \dfrac{8}{2w_n} = 0.5$ 로 구해진다.

(3) Percent Overshoot (P.O.) : $100e^{-\pi\xi/\sqrt{1-\xi^2}} = 100e^{-0.5\pi/\sqrt{1-0.5^2}} = 16.3\%$

제동계수(ξ)가 0.5 이므로 5% Settling Time은 $t_s = \dfrac{3.2}{\xi w_n}(0 < \xi < 0.69)$로 구한다.

$$t_s = \frac{3.2}{\xi w_n} = \frac{3.2}{4} = 0.8 \text{ sec 가 된다.}$$

앞의 예제에서 Amplifier gain K_A 는 P 제어기의 이득 K_P라고 생각할 수 있다. 제동계수 ξ 가 0.707 이 되도록 P 제어기를 설계하는 경우를 아래의 예제로 확인하여 보자.

예제

다음의 Block Diagram으로 표현되는 계통은 Missile의 가속도 제어계이다.

(1) 전달함수를 구하라.

(2) $q=4$, $K_R=4$ 인 경우에 계통의 제동계수 ξ 가 0.707이 되도록 P 제어기의 이득 K_P(Amplifier gain K_A)를 정하고 Natural Frequency w_n 을 구하라.

(3) 단위 계단함수 입력에 대하여 Percent Overshoot(P.O.) 와 5% Settling Time (t_s) 을 구하라.

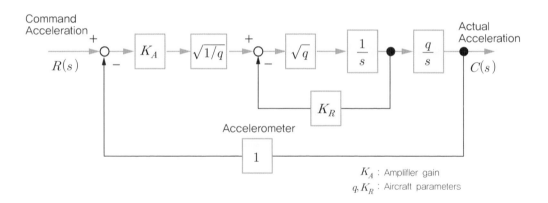

(1) Mason's theorem 을 이용하면 다음과 같이 구해진다.

$$\frac{C(s)}{R(s)} = \frac{\dfrac{qK_A}{s^2}1}{1+\dfrac{\sqrt{q}}{s}K_R+\dfrac{qK_A}{s^2}} = \frac{qK_A}{s^2+\sqrt{q}\,K_R s+qK_A}$$

(2) $q = 4$, $K_R = 4$ 이므로

$$\frac{C(s)}{R(s)} = \frac{4K_A}{s^2 + 8s + 4K_A}$$

$2\xi w_n = 8$ 이고 제동계수는 $\xi = \dfrac{8}{2w_n} = 0.707$ 로 놓고자 하므로

$w_n = 4\sqrt{2} \cong 5.6577$ 로 구해진다.

$w_n = \sqrt{4K_A} = 4\sqrt{2}$ 로부터 P 제어기의 이득 K_P(Amplifier gain K_A)는 8로 얻어진다.

(3) Percent Overshoot (P.O.) : $100e^{-\pi\xi/\sqrt{1-\xi^2}} = 100\,e^{-\pi} = 4.32\%$

제동계수(ξ)가 0.707 이므로 5% Settling Time은 $t_s = \dfrac{4.5\xi}{w_n}(\xi > 0.69)$로 구한다.

$$t_s = \frac{4.5\xi}{w_n} = \frac{4.5/\sqrt{2}}{4\sqrt{2}} = 0.5625 \text{ sec 가 된다.}$$

5.3 │ 근 궤적(Root Locus)

5.1 절에서 논의 하였던 특성방정식

$$s^2 + 361.2s + 4500K = 0$$

에 대하여 근을 구해보면 다음과 같다.

$$s_1 = -180.6 + \sqrt{32616.36 - 4500K}$$

$$s_2 = -180.6 - \sqrt{32616.36 - 4500K}$$

여기서 K가 $-\infty$에서 $+\infty$까지 변할 때 변화하는 근의 궤적을 그릴 수가 있으며 그림과 같은 결과를 얻는다고 할 때, 특성방정식 $s^2 + 361.2s + 4500K = 0$

에 대한 근 궤적(Root Locus)이라 부르며 제어기의 이득 또는 계통 내에서 변화 가능한 Parameter 의 변화에 대한 응답 특성과 안정성 등 제어계통에 대하여 중요한 사항들을 알 수 있기 때문에 선형제어계통의 해석과 설계에 광범위하게 사용된다.

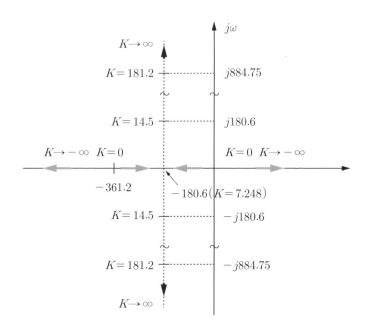

06 제어계통의 상태변수 표현

6.1 | 현대제어이론 소개

Classical Control	Modern Control
Transfer Function(Frequency domain)	State Equation(Time domain)
Single Input Single Output(SISO)	Multi Input Multi Output(MIMO)
Continuous System (Discontinuous: z Transform)	Continuous, Discontinuous System
Linear System	Linear, Nonlinear System
Time Invariant(TI)	Time Invariant(TI), Time varying
Output Feedback(single variable)	State Feedback(multiple state variable)
1930년대부터 발전되어 온 방법으로 주로 주파수 영역에서의 해석과 설계방법이 발전	1960년대 이후 발전되어 온 방법 Optimal Control Adaptive Control Intelligent Control 등이 발전할 수 있는 개념적인 토대를 제공

주의 ① 현대제어(Modern Control)의 설명에서 Multi Input Multi Output(MIMO)인 경우만 표기하였으나 당연히 Single Input Single Output(SISO)인 경우가 포함되는 것임.
② 고전제어(Classical Control)는 변환 방법(Transform Method) 또는 전달함수 방법(Transfer Function Method)으로 현대제어(Modern Control)는 상태 공간 방법(State Space Method)으로 부르는 것이 보다 타당하다는 견해를 갖고 있는 학자들도 있다.

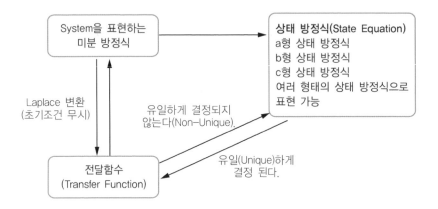

여러 형태(a, b, c형 등)의 상태 방정식으로 표현가능 함에도 불구하고

1) 전달함수는 유일하게 정해진다.
2) 따라서 당연히 특성방정식이 동일하며 극점의 위치도 변하지 않는다.

6.2.1 상태 방정식에 의한 계통의 표현

어떤 물리계를 표현하는 미분 방정식이 다음과 같이 주어진 경우

$$\frac{d^3y}{dt^3} + 3\frac{d^2y}{dt^2} + 4\frac{dy}{dt} + 5y = u$$

Laplace 변환을 취하면

$$\rightarrow s^3 Y(s) + 3s^2 Y(s) + 4s\, Y(s) + 5\, Y(s) = U(s)$$

입력 $U(s)$와 출력 $Y(s)$사이의 전달함수는 다음과 같이 구하여 진다.

$(s^3 + 3s^2 + 4s + 5)\, Y(s) = U(s)$ 이고,

$$\frac{Y(s)}{U(s)} = \frac{1}{s^3 + 3s^2 + 4s + 5}$$

종속변수 $y(t)$에 대한 3계 미분 방정식은 복소 변수 s에 대한 有理(比)函數인 전달함수에서 분모다항식의 차수가 3차인 것으로 표현됨을 주목하자.

종속변수 $y(t)$에 대한 1개의 3계 미분 방정식은 3개의 상태변수(x_1, x_2, x_3) 각각에 대하여 1개씩 3개의 1계 미분방정식으로 나타낼 수 있다.

종속변수 $y(t)$에 대한 3계 미분 방정식 1개가 상태변수(x_1, x_2, x_3)에 대한 1계 미분방정식 3개로 표현된 것에서 개수와 계수가 서로 바뀌었다는 흥미로운 사실에 주목하자.

여기서, 상태변수를 $x_1 = y$, $x_2 = \dfrac{dy}{dt}$, $x_3 = \dfrac{d^2 y}{dt^2}$로 놓고 각각의 상태변수의 1계 미분 방정식을 구해 보자.

$$\frac{dx_1}{dt} = \frac{dy}{dt} \quad \rightarrow \quad \frac{dx_1}{dt} = x_2$$

$$\frac{dx_2}{dt} = \frac{d^2 y}{dt^2} \quad \rightarrow \quad \frac{dx_2}{dt} = x_3$$

$$\frac{dx_3}{dt} = \frac{d^3 y}{dt^3} \quad \rightarrow \quad \frac{dx_3}{dt} = -5x_1 - 4x_2 - 3x_3 + u$$

상태변수라는 용어는 어떤 기준시간($t = 0$)으로부터 입력과 (상태변수로 설정된)변수의 초기조건을 알면 그 이후 시간의 변수의 값을 모두 알 수 있으며 결국 계통의 상태(State)를 완전히 파악할 수 있다는 사실에서 유래되었음을 지적해 두고자한다.

위의 미분 방정식들을 관찰하여 보면 처음에 설명한 바와 같이,

- 상태 변수 x_1에 대한 1계 미분방정식 1 개
- 상태 변수 x_2에 대한 1계 미분방정식 1 개
- 상태 변수 x_3에 대한 1계 미분방정식 1 개

로 이루어져 있음을 알 수 있다.

위식을 다시 모든 상태변수가 표시 되도록 정리하면

$$\dot{x}_1 = 0x_1 + 1x_2 + 0x_3 + 0u$$

$$\dot{x}_2 = 0x_1 + 0x_2 + 1x_3 + 0u$$

$$\dot{x}_3 = -5x_1 - 4x_2 - 3x_3 + 1u$$

이 된다.

위와 같이 차례로 하나의 상태변수의 미분이 다음 상태변수가 되도록 잡은 상태변수를 **위상변수**(Phase Variable)라 하며 구하여진 상태 방정식은 **위상변수 표준형**(Phase Variable Canonical Form: PVCF) **상태방정식** 또는 **가 제어 표준형**(Controllable Canonical Form: CCF) **상태방정식**이라 한다.

> 주의 상태변수를 위상변수와 반대 순서로 잡은 경우를 가 제어 표준형 상태 방정식으로 정의하는 문헌도 볼 수 있다.

6.2.2 Scalar, Vector, Matrix

여기서 Vector 와 Scalar에 대하여 다시 한 번 생각해 보자. 대부분 다음과 같이 알고 있을 것이다.

Scalar 크기만 가지고 표현할 수 있는 양
Vector 크기뿐만 아니라 방향까지 고려해야 표현할 수 있는 양

Vector의 개념을 처음 배울 때 힘, 속도라는 물리량을 예로 들면서 배우기 시작하였기 때문에 힘, 속도 등의 물리량을 떠나서는 Vector라는 개념을 생각하기 어렵게 되는 고정관념에 사로잡히는 경향이 자연스럽게 생겼다고 생각된다.

이제 Scalar와 Vector에 대한 개념 정의를 다음과 같이 새롭게 해보도록 하자.

Scalar 하나의 실수만으로 나타낼 수 있는 양. (예컨대 나이, 온도, 길이 등)
여기서 하나의 실수를 요소(要素, Element)라고 부르기로 하자.
Vector 두 개 이상 여러 개의 요소를 고려해야 나타낼 수 있는 양

이러한 개념정의를 기반으로 생각하면 Vector의 요소(Element)가 2개 이냐 n개 이냐 하는 문제는 전혀 혼란의 원인이 되지 못한다. 반면, 그 전의 사고방 식으로는 요소(Element)가 3개 이상인 Vector를 생각하기에는 약간의 당혹감 을 느낄 수도 있었을 것으로 생각된다.

사과 3개, 귤 2개. 배 4개, 딸기 1개가 있을 때,

단순히 과일 10개로 표현하는 것은 Scalar 적인 표현이라고 할 수 있다.

→ "10: Scalar 적인 표현"

그러나 사과, 귤, 배, 딸기의 수를 차례대로 표시하기로 약속하고 표현할 수 도 있다.

→ "[3   2   4   1]: Vector적인 표현"

공간상의 한 점을 **좌표**(Coordinate)라고 하는데 시각적으로 아래와 같이 표 현 할 때,

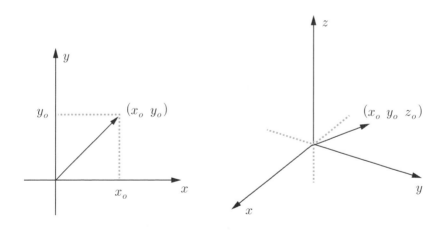

2차원의 경우 평면 Vector(Plane Vector), 3차원의 경우 공간 Vector (Space Vector)라는 표현을 사용하기도 한다. 분명히 두개 이상의 요소를 사용한다는 측면에서 Vector라는 용어를 사용하는 것은 전혀 어색하지 않다. 오히려 공간상의 한 점을 나타내는 Vector를 특별히 **좌표**(Coordinate)라고 부른다고 생각하는 편이 보다 타당하다고 보여 진다.

다른 예로서 힘의 Vector를 표현 할 때 $(x_0\hat{x} + y_0\hat{y} + z_0\hat{z})$ 로도 표현하지만 종 종 단위 Vector들은 생략하고 3 개의 요소를 가지는 Vector $(x_0 \ y_0 \ z_0)$로도 표현한다.

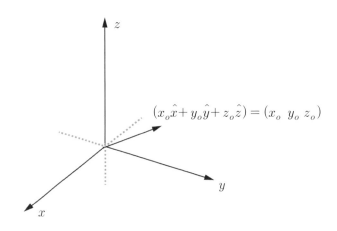

지금까지 설명한 것을 다음과 같이 정리해 보자.

공간 Vector(Space Vector) 두 개 이상의 요소를 사용하여 공간상의 한 점을 나타내는데 사용된 Vector라 할 수 있다.

힘 Vector 두 개 이상의 요소를 사용하여 어떤 대상에 가해진 힘을 나타내는데 사용된 Vector라 할 수 있다.

여기서 상태 Vector(State Vector)에 대하여 생각해 보자. 앞에서 설명한 위상변수 표준형 상태 방정식에서 상태변수 x_1, x_2, x_3 는 따로 따로 생각할 수 있기보다는 하나의 묶음으로 함께 계통을 나타내는데 필요한 변수라고 할 수 있다. 따라서 다음과 같이 상태 Vector(State Vector)를 생각할 수 있을 것이다.

상태 Vector(State Vector) 두 개 이상의 요소(상태변수)를 사용하여 어떤 계통을 표현하는데 사용된 Vector라 할 수 있다.

이제 Matrix 는 무엇인가에 대하여 생각해 보기로 하자.

Vector는 행 요소 하나에 복수개의 열 요소들이 있는 경우(행 Vector), 열 요소 하나에 복수개의 행 요소들이 있는 경우(열 Vector) 라 한다면 Matrix는 행, 열 요소들이 모두 다 복수 개 있는 경우로 볼 수 있다.

행 요소와 열 요소를 모두 고려해야 나타낼 수 있는 양이라 할 수 있다.

6.2.3 Scalar, Vector, Matrix의 연산

(1) Vector, Matrix의 곱 (Multiplication)

기본적으로 곱해지는 수(앞)의 열 요소의 수와 곱하는 수(뒤)의 행 요소의 개수가 같아야 연산이 가능하며 Matrix 와 Matrix 의 곱인 경우 다음과 같은 연산이 이루어진다.

$$\begin{bmatrix} a_{11} & a_{12} & a_{13} \\ a_{21} & a_{22} & a_{23} \\ a_{31} & a_{32} & a_{33} \end{bmatrix} \begin{bmatrix} b_{11} & b_{12} & b_{13} \\ b_{21} & b_{22} & b_{23} \\ b_{31} & b_{32} & b_{33} \end{bmatrix}$$

$$= \begin{bmatrix} (a_{11}b_{11} + a_{12}b_{21} + a_{13}b_{31}) & (a_{11}b_{12} + a_{12}b_{22} + a_{13}b_{32}) & (a_{11}b_{13} + a_{12}b_{23} + a_{13}b_{33}) \\ (a_{21}b_{11} + a_{22}b_{21} + a_{23}b_{31}) & (a_{21}b_{12} + a_{22}b_{22} + a_{23}b_{32}) & (a_{21}b_{13} + a_{22}b_{23} + a_{23}b_{33}) \\ (a_{31}b_{11} + a_{32}b_{21} + a_{33}b_{31}) & (a_{31}b_{12} + a_{32}b_{22} + a_{33}b_{32}) & (a_{31}b_{13} + a_{32}b_{23} + a_{33}b_{33}) \end{bmatrix}$$

같은 연산 방법으로 Matrix 와 Vector 의 곱 연산도 다음과 같이 계산된다.

$$\begin{bmatrix} a_{11}\,a_{12}\,a_{13} \\ a_{21}\,a_{22}\,a_{23} \\ a_{31}\,a_{32}\,a_{33} \end{bmatrix} \begin{bmatrix} b_{11} \\ b_{21} \\ b_{31} \end{bmatrix} = \begin{bmatrix} (a_{11}b_{11} + a_{12}b_{21} + a_{13}b_{31}) \\ (a_{21}b_{11} + a_{22}b_{21} + a_{23}b_{31}) \\ (a_{31}b_{11} + a_{32}b_{21} + a_{33}b_{31}) \end{bmatrix},$$

(2) Scalar 와 Vector 그리고 Scalar와 Matrix의 곱은 조금 다른데 각 각의 요소에 Scalar 양을 곱해주면 된다.

$$\begin{bmatrix} a_{11} \\ a_{21} \\ a_{31} \end{bmatrix} b = \begin{bmatrix} a_{11}\,b \\ a_{21}\,b \\ a_{31}\,b \end{bmatrix}$$

$$b\begin{bmatrix} a_{11} \\ a_{21} \\ a_{31} \end{bmatrix} = \begin{bmatrix} b\,a_{11} \\ b\,a_{21} \\ b\,a_{31} \end{bmatrix}$$

$$b\begin{bmatrix} a_{11}\,a_{12}\,a_{13} \\ a_{21}\,a_{22}\,a_{23} \\ a_{31}\,a_{32}\,a_{33} \end{bmatrix} = \begin{bmatrix} b\,a_{11}\,b\,a_{12}\,b\,a_{13} \\ b\,a_{21}\,b\,a_{22}\,b\,a_{23} \\ b\,a_{31}\,b\,a_{32}\,b\,a_{33} \end{bmatrix}$$

$$\begin{bmatrix} a_{11}\,a_{12}\,a_{13} \\ a_{21}\,a_{22}\,a_{23} \\ a_{31}\,a_{32}\,a_{33} \end{bmatrix} b = \begin{bmatrix} b\,a_{11}\,b\,a_{12}\,b\,a_{13} \\ b\,a_{21}\,b\,a_{22}\,b\,a_{23} \\ b\,a_{31}\,b\,a_{32}\,b\,a_{33} \end{bmatrix}$$

(3) Vector 의 합과 차

$$\begin{bmatrix} a_{11} \\ a_{21} \\ a_{31} \end{bmatrix} \pm \begin{bmatrix} b_{11} \\ b_{21} \\ b_{31} \end{bmatrix} = \begin{bmatrix} a_{11} \pm b_{11} \\ a_{21} \pm b_{21} \\ a_{31} \pm b_{31} \end{bmatrix}$$

(4) 두 Vector 의 항등 관계

$$\begin{bmatrix} a_{11} \\ a_{21} \\ a_{31} \end{bmatrix} = \begin{bmatrix} b_{11} \\ b_{21} \\ b_{31} \end{bmatrix}$$ 이면 $a_{11} = b_{11}$, $a_{21} = b_{21}$, $a_{31} = b_{31}$ 이다.

이러한 연산관계를 고려하여 앞에서 구한 상태 방정식을 Vector-Matrix 형태로 표시하면 다음과 같다.

$$\begin{bmatrix} \dot{x}_1 \\ \dot{x}_2 \\ \dot{x}_3 \end{bmatrix} = \begin{bmatrix} 0 & 1 & 0 \\ 0 & 0 & 1 \\ -5 & -4 & -3 \end{bmatrix} \begin{bmatrix} x_1 \\ x_2 \\ x_3 \end{bmatrix} + \begin{bmatrix} 0 \\ 0 \\ 1 \end{bmatrix} u$$

Vector-Matrix 형의 상태 방정식에서

$$x = \begin{bmatrix} x_1 & x_2 & x_3 \end{bmatrix}^T$$

$$A = \begin{bmatrix} 0 & 1 & 0 \\ 0 & 0 & 1 \\ -5 & -4 & -3 \end{bmatrix}$$

$$B = \begin{bmatrix} 0 & 0 & 1 \end{bmatrix}^T, C = \begin{bmatrix} 1 & 0 & 0 \end{bmatrix} 로 놓으면$$

$$\dot{x} = A x + B u$$

$$y = C x$$

로 표현된다.

여기서 A, B, C 는 System의 구조를 나타내는 Matrix라 할 수 있으며 Bu 는 Input Vector, Cx 는 Output Vector 가 되고 각 각의 System의 구조를 나타내는 Matrix는 다음과 같은 의미를 담고 있다.

A : 각 각의 상태변수의 1차 미분 항이 상태 변수들과 어떻게 연결되어 있는지를 나타낸다. 각 각의 계통의 특징이 반영된다고 볼 수 있겠다.

B : 입력이 각 각의 상태변수의 1차 미분 항과 어떻게 연결되어 있는지를 나타낸다.

C : 각 각의 상태변수가 출력과 어떻게 연결되어 있는지를 나타낸다.

Matrix 혹은 Vector에서 $x = \begin{bmatrix} x_1 & x_2 & x_3 \end{bmatrix}^T$ 와 같은 표현은 Matrix 혹은 Vector의 전치(Transpose)를 의미하며 요소의 행과 열을 바꾸어 놓아 만들어진 Matrix 와 Vector를 의미한다.

6.2.4 가 제어(可 制御) 표준형(Controllable Canonical Form: CCF) 상태 방정식

계통을 나타내는 미분 방정식으로부터 가 제어 표준형 상태 방정식은 아래 그림과 같이 기계적으로 얻어 질 수 있다.

$$A = \begin{bmatrix} 0 & \boxed{1} & 0 \\ 0 & 0 & \boxed{1} \\ -5 & -4 & -3 \end{bmatrix} \qquad \frac{d^3y}{dt^3} + 3\frac{d^2y}{dt^2} + 4\frac{dy}{dt} + 5y = u$$

화살표의 방향과 부호에 유의하라. 또한 1행, 2행의 값이 1인 요소들은 상태 변수를 위상변수 형태로 잡은 결과임을 유의하도록 하자.

앞에서 제어의 개념은 제어 대상에 가해진 입력의 적절한 변화에 의하여 출력이 의도된 방향 또는 값을 취하도록 만들어 지는 것이라고 하였는데 위에서 구한 가 제어 표준형의 상태 방정식을 자세히 살펴보면 입력의 변화가 어떤 과정을 거쳐서 출력의 변화에 이르게 되는지 살펴 볼 수 있다. 상태 방정식이 반드시 가제어 표준형이 아니더라도 입력의 변화에 의하여 각 각의 상태 변수 나아가서 출력이 변화하는 지를 상태 방정식의 구조를 통하여 파악할 수 있으면 계통의 제어 가능 여부를 판단할 수 있다.

제어 가능 (가 제어) :

입력 u 변화 ⟶ 출력 y 변화 (원하는 값)

$$\dot{x}_1 = 0 \cdot x_1 + 1 \cdot x_2 + 0 \cdot x_3 + 0 \cdot u$$

$$\dot{x}_2 = 0 \cdot x_1 + 0 \cdot x_2 + 1 \cdot x_3 + 0 \cdot u$$

$$\dot{x}_3 = -5 \cdot x_1 - 4 \cdot x_2 - 3 \cdot x_3 + 1 \cdot u$$

u ⟶ x_3 ⟶ x_2 ⟶ x_1
(변화) (원하는 값)

가 제어 표준형 상태방정식을 구하는 방법 즉, 앞의 설명을 고차항의 시스템에 적용하여 보자.

$$G(s) = \frac{Y(s)}{U(s)} = \frac{1}{s^n + a_{n-1}s^{n-1} + \cdots + a_1 s + a_0}$$

위의 전달함수에서 맨 우측의 계수부터 부호만 바꾸어 나열하면 가 제어 표준형 상태 방정식으로 표현할 수 있다.

$$\dot{x} = Ax + Bu$$

$$= \begin{bmatrix} 0 & 1 & 0 & \cdots & 0 \\ 0 & 0 & 1 & \cdots & 0 \\ 0 & 0 & 0 & \cdots & 0 \\ \vdots & & & & \vdots \\ -a_0 & -a_1 & \cdots & & -a_{n-1} \end{bmatrix} \begin{bmatrix} x_1 \\ x_2 \\ x_3 \\ \vdots \\ x_n \end{bmatrix} + \begin{bmatrix} 0 \\ 0 \\ 0 \\ \vdots \\ 1 \end{bmatrix} u$$

출력 방정식은 다음과 같다.

$$y = Cx$$

$$y = \begin{bmatrix} 1 & 0 & 0 & \cdots & 0 \end{bmatrix} \begin{bmatrix} x_1 \\ x_2 \\ x_3 \\ \vdots \\ x_n \end{bmatrix}$$

이 결과를 Block Diagram 으로 표현하면 다음과 같다.

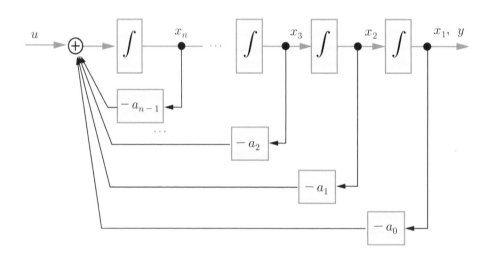

예제

아래의 미분 방정식으로 표현되는 계통에 대하여 상태방정식을 가 제어 표준형으로 구하시오.

$$\frac{d^3 y}{dt^3} + 6\frac{d^2 y}{dt^2} + 11\frac{dy}{dt} + 4y = 7u$$

Laplace 변환을 취하면 다음과 같다.

$$s^3 Y(s) + 6s^2 Y(s) + 11s Y(s) + 4 Y(s) = 7 U(s)$$

입력과 출력의 Lapalace변환의 비로 정리하면 전달함수는 다음과 같이 얻어진다.

$$G(s) = \frac{Y(s)}{U(s)} = \frac{7}{s^3 + 6s^2 + 11s + 4}$$

상태변수들을 $x_1 = y$, $x_2 = \dfrac{dy}{dt}$, $x_3 = \dfrac{d^2 y}{dt^2}$ 와 같이 위상변수 형태로 잡는다는 것을 염두에 두고, 오른쪽 계수부터 차례로 맨 끝의 하나 전까지 −를 붙여 System Matrix A 의 맨 아래 행에 차례로 넣으면 다음과 같다.

$$\dot{x} = Ax + Bu = \begin{bmatrix} 0 & 1 & 0 \\ 0 & 0 & 1 \\ -4 & -11 & -6 \end{bmatrix} \begin{bmatrix} x_1 \\ x_2 \\ x_3 \end{bmatrix} + \begin{bmatrix} 0 \\ 0 \\ 7 \end{bmatrix} u$$

이를 Block diagram으로 표현하면 다음과 같다.

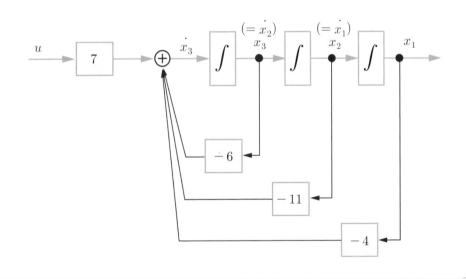

$\dfrac{d^3 y}{dt^3} + 3\dfrac{d^2 y}{dt^2} + 2\dfrac{dy}{dt} = 2u$ 의 가 제어 표준형 상태방정식을 구하시오.

상태변수들을 $x_1 = y$, $x_2 = \dfrac{dy}{dt}$, $x_3 = \dfrac{d^2 y}{dt^2}$ 와 같이 위상변수 형태로 잡는다.

우측부터 (맨 위 차수 제외) 계수가 0, −2, −3 으로 되고 u의 계수는 2이므로

$$\dot{x} = Ax + Bu = \begin{bmatrix} 0 & 1 & 0 \\ 0 & 0 & 1 \\ 0 & -2 & -3 \end{bmatrix} \begin{bmatrix} x_1 \\ x_2 \\ x_3 \end{bmatrix} + \begin{bmatrix} 0 \\ 0 \\ 2 \end{bmatrix} u$$

6.2.5 가 제어 표준형 상태방정식(입력의 미분 항이 포함된 경우)

다음과 같이 입력의 미분 항이 포함된 경우를 생각해보자.

$$\frac{d^n y}{dt^n} + a_{n-1}\frac{d^{n-1} y}{dt^{n-1}} + \cdots a_1 \frac{dy}{dt} + a_0 y = b_{n-1}\frac{d^{n-1} u}{dt^{n-1}} + \cdots b_1 \frac{du}{dt} + b_0 u$$

전달함수는 아래와 같고 그림과 같은 간이 Block diagram 으로 표현할 수 있다.

$$\frac{Y(s)}{U(s)} = G(s) = \frac{b_{n-1}s^{n-1} + \cdots + b_1 s + b_0}{s^n + a_{n-1}s^{n-1} \cdots + a_1 s + a_0} = \frac{N(s)}{D(s)}$$

$U(s) = D(s)V(s)$ 이므로

$(s^n + a_{n-1}s^{n-1} \cdots + a_1 s + a_0)V(s) = U(s)$ 로 표현되고

이것의 역변환(시간 영역표현)을 취하면 다음과 같다.

$$\frac{d^n v(t)}{dt^n} + a_{n-1}\frac{d^{n-1} v(t)}{dt^{n-1}} \cdots + a_1 \frac{dv(t)}{dt} + a_0 v(t) = u(t) - ①$$

$Y(s) = N(s)V(s)$ 이므로

역시 역변환 (시간 영역표현)을 취하면 다음과 같다.

$$b_{n-1}\frac{d^{n-1} v(t)}{dt^{n-1}} + \cdots + b_1 \frac{dv(t)}{dt} + b_0 v(t) = y(t) - ②$$

①식에서

$$x_1 = v$$
$$x_2 = \dot{x_1} = \dot{v}$$
$$\cdot$$
$$\cdot$$
$$\cdot$$
$$x_n = \dot{x}_{n-1} = \frac{d^{n-1} v(t)}{dt^{n-1}}$$

로 두면

$$\dot{x_1} = x_2$$
$$\dot{x_2} = x_3$$
$$\cdot$$
$$\cdot$$
$$\cdot$$
$$\dot{x}_{n-1} = x_n$$
$$\dot{x}_n = -a_0 x_1 - a_1 x_2 - \cdots - a_{n-1} x_n + u$$

②식은

$$y(t) = b_0 x_1 + b_1 x_2 + \cdots + b_{n-1} x_n$$

으로 표현된다.

이 상태 방정식과 출력 방정식을 Vector-Matrix 형태로 정리하고 Block Diagram으로 표현하면 아래와 같다.

$$\dot{x} = Ax + Bu$$

$$= \begin{bmatrix} 0 & 1 & 0 & \cdots & 0 \\ 0 & 0 & 1 & \cdots & 0 \\ 0 & 0 & 0 & \cdots & 0 \\ \vdots & & & & \vdots \\ -a_0 & -a_1 & \cdots & & -a_{n-1} \end{bmatrix} \begin{bmatrix} x_1 \\ x_2 \\ x_3 \\ \vdots \\ x_n \end{bmatrix} + \begin{bmatrix} 0 \\ 0 \\ 0 \\ \vdots \\ 1 \end{bmatrix} u$$

$$y = \begin{bmatrix} b_0 & b_1 & b_2 & \cdots & b_{n-1} \end{bmatrix} \begin{bmatrix} x_1 \\ x_2 \\ x_3 \\ \vdots \\ x_n \end{bmatrix}$$

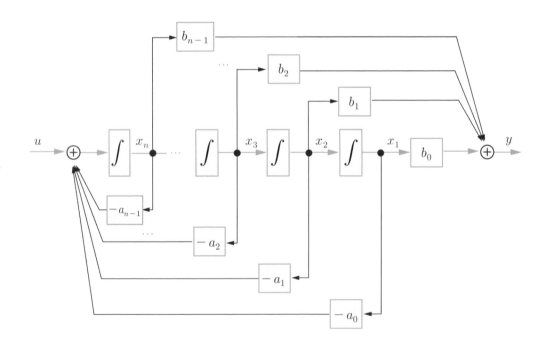

입력의 미분 항은 전달함수에서 영점의 형태로 표현되는데 이것의 상태 방정식은 입력의 미분 항이 없을 경우와 동일한 형태의 가 제어 표준형으로 표현됨을 알 수 있으며 입력의 미분 항의 영향은 출력 방정식이 미분항의 계수를 조합계수로 갖는 상태변수의 선형 조합(Linear Combination)으로 표현되는 것으로 나타난다는 것을 알 수 있다.

6.2.6 변환 행렬에 의한 가 제어(可 制御) 표준형(Controllable Canonical Form: CCF) 상태 방정식

계통의 상태방정식이 아래와 같이 가 제어 표준형으로 표현되어 있지 않은 경우를 생각한다.

$\dot{x} = A\,x + B\,u$ (가 제어 표준형이 아닌 경우)

$y = C\,x$

여기서 가제어성 행렬 $U = [B\ AB\ \cdots\ A^{n-1}B]$ 를 생각하고 특성방정식이

$$|sI - A| = s^n + a_{n-1}s^{n-1} + \cdots a_1 s + a_0 = 0$$

인 조건에서 다음의 정방행렬(Square Matrix: 행과 열 요소의 수가 같은 행렬) Q를 정의한다.

$$Q = \begin{bmatrix} a_1 & a_2 & \cdots & a_{n-1} & 1 \\ a_2 & a_3 & \cdots & 1 & 0 \\ \vdots & & & & \vdots \\ 1 & 0 & \cdots & 0 & 0 \end{bmatrix}$$

이것을 이용하여 다음과 같이 변환 행렬 M을 구한다.

$$M = UQ = [B\ AB\ \cdots\ A^{n-1}B] \begin{bmatrix} a_1\, a_2 \cdots\ 1 \\ a_2\, a_3 \cdots\ 0 \\ 1\ 0 \cdots\ 0 \end{bmatrix}$$

여기서 $x = Mz$ 라 하면 원래의 상태 방정식은 다음과 같이 표현할 수 있다.

$$\dot{x} = Ax + Bu \qquad \rightarrow M\dot{z} = AMz + Bu$$

새로운 상태변수 Vector z에 대하여 정리하면 가 제어 표준형의 상태방정식과 출력 방정식이 얻어진다.

$$\dot{z} = M^{-1}AMz + M^{-1}Bu$$
$$= A_c z + B_c u$$

$$y = CMz = C_c z$$

구해진 가 제어 표준형 상태방정식의 Vector, Matrix를 조금 더 상세히 표시하면 다음과 같다.

$$A_c = M^{-1}AM$$

$$= \begin{bmatrix} 0 & 1 & 0 & \cdots & 0 \\ 0 & 0 & 1 & \cdots & 0 \\ 0 & 0 & 0 & \cdots & 0 \\ \vdots & & & & 1 \\ -a_0 & -a_1 & \cdots & & -a_{n-1} \end{bmatrix}$$

$$B_c = M^{-1}B$$

$$= \begin{bmatrix} \alpha_0 \\ \alpha_1 \\ \alpha_2 \\ \vdots \\ \alpha_{n-1} \end{bmatrix}$$

$$C_c = CM = \begin{bmatrix} \beta_0 & \beta_1 & \beta_2 & \cdots & \beta_{n-1} \end{bmatrix}$$

6.2.7 변환 행렬에 의한 가 관측(可 觀測)
표준형(Observable Canonical Form: OCF) 상태방정식

$$\dot{x} = Ax + Bu \text{ (가 관측 표준형이 아닌 경우)}$$
$$y = Cx$$

가 관측 행렬 $V = \begin{bmatrix} C \\ CA \\ CA^2 \\ \vdots \\ CA^{n-1} \end{bmatrix}$ 과

특성방정식 $|sI - A| = s^n + a_{n-1}s^{n-1} + \cdots + a_1 s + a_0 = 0$

에 대하여 이것의 계수로 이루어진 정방행렬(n×n) Q가 다음과 같이 정의 된다.

$$Q = \begin{bmatrix} a_1 & a_2 & \cdots & a_{n-1} & 1 \\ a_2 & a_3 & \cdots & 1 & 0 \\ \vdots & & & & \\ 1 & 0 & \cdots & 0 & 0 \end{bmatrix}$$

이것을 이용하여 다음과 같이 변환 행렬 M을 구한다.

$$M = QV = \begin{bmatrix} a_1 & a_2 & \cdots & 1 \\ a_2 & a_3 & \cdots & 0 \\ 1 & 0 & \cdots & 0 \end{bmatrix} \begin{bmatrix} C \\ CA \\ CA^2 \\ \cdot \\ \cdot \\ \cdot \\ CA^{n-1} \end{bmatrix}$$

여기서 $z = Mx$ 라 하면 원래의 상태 방정식과 출력 방정식은 다음과 같이 표현할 수 있다.

$$\dot{x} = Ax + Bu, \ y = Cx$$

$$\rightarrow M\dot{x} = MAM^{-1}Mx + MBu, \ y = CM^{-1}Mx$$

이것을 정리하면 다음과 같이 가 관측 표준형의 상태방정식과 출력 방정식이 구해진다.

$$\dot{z} = MAM^{-1}z + MBu = A_o z + B_o u$$

$$y = CM^{-1}z = C_o z$$

구해진 가 관측 표준형의 Vector, Matrix를 좀 더 상세하게 표현하면 다음과 같다.

$$A_o = MAM^{-1}$$

$$= \begin{bmatrix} 0 & 0 & 0 & \cdots & -a_0 \\ 1 & 0 & 0 & \cdots & -a_1 \\ 0 & 1 & 0 & \cdots & -a_2 \\ \vdots & & & & \\ 0 & 0 & \cdots & 1 & -a_{n-1} \end{bmatrix}$$

$$B_o = MB$$

$$= \begin{bmatrix} \beta_0 \\ \beta_1 \\ \beta_2 \\ \vdots \\ \beta_{n-1} \end{bmatrix}$$

$$C_o = CM^{-1} = [\alpha_0 \ \alpha_1 \ \alpha_2 \ \cdots \alpha_{n-1}]$$

이 상태 방정식을 Block Diagram으로 표현하면 아래와 같다.

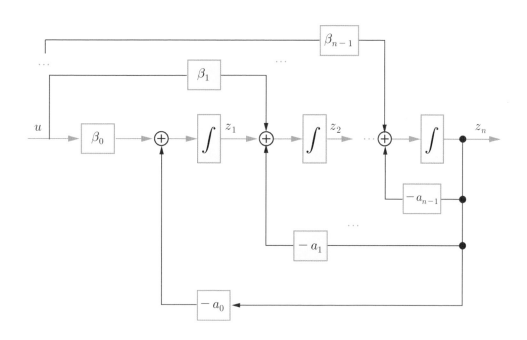

앞에서 구한 가 관측 표준형 상태 방정식과 가 제어 표준형 상태 방정식을 표현하는 Vector-Matrix 형 상태 방정식들의 System Matrix $(A_c,\ A_o)$와 $(B_c,\ B_o)$, $(C_c,\ C_o)$를 자세히 관찰하여 보면 다음과 같은 사실을 알 수 있다.

$$A_c = A_o^T \ (A_o = A_c^T)$$
$$B_c = C_o^T \ (C_o = B_c^T)$$
$$C_c = B_o^T \ (B_o = C_c^T)$$

앞에서 구한 가 관측 표준형의 상태방정식을 이용하여 관측 가능 (가 관측)의 개념을 이해하기 쉽게 표현하면 다음의 그림과 같다.

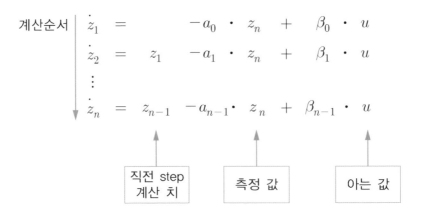

$$\text{계산순서} \quad \dot{z}_1 = \qquad\qquad -a_0 \cdot z_n + \beta_0 \cdot u$$

$$\dot{z}_2 = z_1 \quad -a_1 \cdot z_n + \beta_1 \cdot u$$

$$\vdots$$

$$\dot{z}_n = z_{n-1} \quad -a_{n-1} \cdot z_n + \beta_{n-1} \cdot u$$

직전 step 계산 치 | 측정 값 | 아는 값

입력 u (아는 값), 출력 y (측정 값) ⟶ 상태 $z_1,\ z_2, \cdots z_{n-1}$ 계산

위 그림에서 계산 순서로 표시된 하나의 화살표로 묶인 일련의 방정식들을 Microprocessor의 하나의 Sampling 구간에서 계산하는 경우를 생각해보자. 처음 계산을 시작할 때에 모든 상태 변수의 초기치는 영이고 입력 u는 아는 값이고 출력 z_n은 측정된 값이 될 것이다. 첫 번째 계산식에서 첫 번째 상태 변수의 변화율을 계산하고 이 것 으로부터 두 번째 계산식에서 필요한 입력과 출력이외의 상태 변수를 계산할 수 있다. 이러한 과정을 반복적으로 하여 맨 마지막 계산식까지 완료하면 하나의 Sampling 구간에서의 상태 방정식의 계산이 완료된다.

한편, 계통은 관측 가능하지만 구해진 상태 방정식이 가 관측 표준형이 아닌 아래 그림과 같은 경우를 생각해 보자.

계산에는 필요하나 모르는 변수 값 들

$$\text{계산순서} \quad \begin{aligned} \dot{x}_1 &= & 0 \cdot x_1 &+ 1 \cdot x_2 + 0 \cdot x_3 \cdots &+ 0 \cdot x_n &+ 0 \cdot u \\ \dot{x}_2 &= & 0 \cdot x_1 &+ 0 \cdot x_2 + 1 \cdot x_3 \cdots &+ 0 \cdot x_n &+ 0 \cdot u \\ &\vdots & & & & \\ \dot{x}_n &= -a_0 \cdot x_1 &- a_1 \cdot x_2 - a_2 \cdot x_3 \cdots &- a_{n-1} \cdot x_n &+ 1 \cdot u \end{aligned}$$

측정 치

아는 값

Sampling 구간 내에서 각 각의 계산식에 필요한 상태 변수가 항상 미리 계산되어 갱신(Update)되어 있지 않게 되기 때문에 각 각의 Sampling 구간동안에 묶음으로 갱신되어 다음 Sampling 구간 동안의 계산에 사용되게 된다. 물론 상태 변수의 계산은 가능하겠지만 수렴 속도에 있어서는 차이가 날 수 있는데 당연히 가 관측 표준형 상태 방정식으로 관측기를 구성하는 경우가 우수할 것으로 생각된다.

예제

계통이 다음과 같이 주어진 경우 가 제어 및 가 관측 표준형으로 상태방정식을 나타내보자.

$$\begin{bmatrix} \dot{x}_1 \\ \dot{x}_2 \end{bmatrix} = \begin{bmatrix} -1 & 2 \\ -1 & -3 \end{bmatrix} \begin{bmatrix} x_1 \\ x_2 \end{bmatrix} + \begin{bmatrix} 1 \\ 1 \end{bmatrix} u$$

$$y = \begin{bmatrix} 1 & 0 \end{bmatrix} \begin{bmatrix} x_1 \\ x_2 \end{bmatrix}$$

가 제어 행렬 U는

$$U = \begin{bmatrix} B & AB \end{bmatrix} = \begin{bmatrix} 1 & 1 \\ 1 & -4 \end{bmatrix} \text{이므로}$$

U의 행렬식 값이 $\begin{vmatrix} 1 & 1 \\ 1 & -4 \end{vmatrix} = -5 (\neq 0)$ 이므로 가 제어 이다.

가 관측 행열은 $V = \begin{bmatrix} C \\ CA \end{bmatrix} = \begin{bmatrix} 1 & 0 \\ -1 & 2 \end{bmatrix}$ 이고

V 의 행렬식 값이 $\begin{vmatrix} 1 & 0 \\ -1 & 2 \end{vmatrix} = 2 (\neq 0)$ 이므로 가 관측이다.

1) 변환행렬을 이용하여 구하는 가 제어 표준형 상태방정식

특성방정식이

$$|sI - A| = \begin{vmatrix} s+1 & -2 \\ 1 & s+3 \end{vmatrix} = (s+1)(s+3) + 2 = s^2 + 4s + 5 = 0$$

이므로 정방행렬 Q는 다음과 같다.

$$Q = \begin{bmatrix} 4 & 1 \\ 1 & 0 \end{bmatrix}$$

따라서 변환행렬 M은 다음과 같이 얻어진다.

$$M = UQ = \begin{bmatrix} 1 & 1 \\ 1 & -4 \end{bmatrix} \begin{bmatrix} 4 & 1 \\ 1 & 0 \end{bmatrix} = \begin{bmatrix} 5 & 1 \\ 0 & 1 \end{bmatrix}$$

$$M^{-1} = \frac{adj(M)}{\det(M)} = \frac{1}{\det(M)} \begin{bmatrix} m_{22} & -m_{12} \\ -m_{21} & m_{11} \end{bmatrix}$$

단, $M = \begin{bmatrix} m_{11} & m_{12} \\ m_{21} & m_{22} \end{bmatrix}$ 임을 고려하면 변환행렬 M의 역행렬(Matrix Inverse)는 다음과 같이 구해진다.

$$M^{-1} = \frac{1}{5} \begin{bmatrix} 1 & -1 \\ 0 & 5 \end{bmatrix} = \begin{bmatrix} 0.2 & -0.2 \\ 0 & 1 \end{bmatrix}$$

가 제어 표준형 상태 방정식을 구하는데 필요한 계산 항들은 다음과 같이 구해진다.

$$M^{-1}AM = \begin{bmatrix} 0.2 & -0.2 \\ 0 & 1 \end{bmatrix} \begin{bmatrix} -1 & 2 \\ -1 & -3 \end{bmatrix} \begin{bmatrix} 5 & 1 \\ 0 & 1 \end{bmatrix}$$

$$= \begin{bmatrix} 0 & 1 \\ -1 & -3 \end{bmatrix} \begin{bmatrix} 5 & 1 \\ 0 & 1 \end{bmatrix} = \begin{bmatrix} 0 & 1 \\ -5 & -4 \end{bmatrix}$$

$$M^{-1}B = \begin{bmatrix} 0.2 & -0.2 \\ 0 & 1 \end{bmatrix} \begin{bmatrix} 1 \\ 1 \end{bmatrix} = \begin{bmatrix} 0 \\ 1 \end{bmatrix}$$

$$CM = \begin{bmatrix} 1 & 0 \end{bmatrix} \begin{bmatrix} 5 & 1 \\ 0 & 1 \end{bmatrix} = \begin{bmatrix} 5 & 1 \end{bmatrix}$$

가 제어 표준형 상태 방정식은 다음과 같이 구해진다.

$$\begin{bmatrix} \dot{z_1} \\ \dot{z_2} \end{bmatrix} = \begin{bmatrix} 0 & 1 \\ -5 & -4 \end{bmatrix} \begin{bmatrix} z_1 \\ z_2 \end{bmatrix} + \begin{bmatrix} 0 \\ 1 \end{bmatrix} u$$

$$y = \begin{bmatrix} 5 & 1 \end{bmatrix} \begin{bmatrix} z_1 \\ z_2 \end{bmatrix}$$

2) 변환행렬을 이용하여 구하는 가 관측 표준형 상태방정식

특성방정식이

$$|sI - A| = \begin{vmatrix} s+1 & -2 \\ 1 & s+3 \end{vmatrix} = (s+1)(s+3) + 2 = s^2 + 4s + 5 = 0$$

이므로 정방행렬 Q는 다음과 같다.

$$Q = \begin{bmatrix} 4 & 1 \\ 1 & 0 \end{bmatrix}$$

따라서 변환행렬 M은 다음과 같이 얻어진다.

$$M = QV = \begin{bmatrix} 4 & 1 \\ 1 & 0 \end{bmatrix} \begin{bmatrix} 1 & 0 \\ -1 & 2 \end{bmatrix} = \begin{bmatrix} 3 & 2 \\ 1 & 0 \end{bmatrix}$$

$$M^{-1} = \frac{adj(M)}{\det(M)} = \frac{1}{\det(M)} \begin{bmatrix} m_{22} & -m_{12} \\ -m_{21} & m_{11} \end{bmatrix}$$

단, $M = \begin{bmatrix} m_{11} & m_{12} \\ m_{21} & m_{22} \end{bmatrix}$ 임을 고려하면 변환행렬 M의 역행렬(Matrix Inverse)는 다음과 같이 구해진다.

$$M^{-1} = -\frac{1}{2} \begin{bmatrix} 0 & -2 \\ -1 & 3 \end{bmatrix} = \begin{bmatrix} 0 & 1 \\ 0.5 & -1.5 \end{bmatrix}$$

가 관측 표준형 상태 방정식을 구하는데 필요한 계산 항들은 다음과 같이 구해진다.

$$MAM^{-1} = \begin{bmatrix} 3 & 2 \\ 1 & 0 \end{bmatrix} \begin{bmatrix} -1 & 2 \\ -1 & -3 \end{bmatrix} \begin{bmatrix} 0 & 1 \\ 0.5 & -1.5 \end{bmatrix}$$

$$= \begin{bmatrix} -5 & 0 \\ -1 & 2 \end{bmatrix} \begin{bmatrix} 0 & 1 \\ 0.5 & -1.5 \end{bmatrix} = \begin{bmatrix} 0 & -5 \\ 1 & -4 \end{bmatrix}$$

$$MB = \begin{bmatrix} 3 & 2 \\ 1 & 0 \end{bmatrix} \begin{bmatrix} 1 \\ 1 \end{bmatrix} = \begin{bmatrix} 5 \\ 1 \end{bmatrix}$$

$$CM^{-1} = \begin{bmatrix} 1 & 0 \end{bmatrix} \begin{bmatrix} 0 & 1 \\ 0.5 & -1.5 \end{bmatrix} = \begin{bmatrix} 0 & 1 \end{bmatrix}$$

가 관측 표준형 상태 방정식은 다음과 같이 구해진다.

$$\begin{bmatrix} \dot{z}_1 \\ \dot{z}_2 \end{bmatrix} = \begin{bmatrix} 0 & -5 \\ 1 & -4 \end{bmatrix} \begin{bmatrix} z_1 \\ z_2 \end{bmatrix} + \begin{bmatrix} 5 \\ 1 \end{bmatrix} u$$

$$y = \begin{bmatrix} 0 & 1 \end{bmatrix} \begin{bmatrix} z_1 \\ z_2 \end{bmatrix}$$

앞에서 설명한 바와 같이 예제에서 구한 가 관측 표준형 상태 방정식과 가 제어 표준형 상태 방정식을 표현하는 Vector-Matrix 형 상태 방정식들의 System Matrix $(A_c,\ A_o)$와 $(B_c,\ B_o)$, $(C_c,\ C_o)$를 자세히 관찰하여 보면 다음과 같은 사실을 알 수 있다.

$$A_c = A_o^T\ (A_o = A_c^T)$$
$$B_c = C_o^T\ (C_o = B_c^T)$$
$$C_c = B_o^T\ (B_o = C_c^T)$$

6.2.8 변환 행렬에 의한 대각선 표준형의 상태 방정식

계통의 상태방정식이 아래와 같이 가 제어 표준형으로 표현되어 있는 경우를 생각한다.

$$\dot{x} = A\,x + B\,u \ (가 \ 제어 \ 표준형 \ 상태방정식)$$
$$y = C\,x$$

계통이 중복되지 않는 서로 다른 극점들$(p_1, \ p_2, \ \ldots \ p_n)$을 가질 때

$$x = Pz$$

가 되는 변환행렬 P를 생각할 수 있으며, 계통이 가 제어 표준형으로 표현되어 있는 경우 변환행렬 P는 다음과 같이 Vandermonde Matrix 로 불리는 형태로 주어진다.

$$P = \begin{bmatrix} 1 & 1 & 1 & \cdots & 1 \\ p_1 & p_2 & p_3 & \cdots & p_n \\ p_1^2 & p_2^2 & p_3^2 & \cdots & p_n^2 \\ \vdots & & & & \\ p_1^{n-1} & p_2^{n-1} & p_3^{n-1} & \cdots & p_n^{n-1} \end{bmatrix}$$

여기서 $x = Pz$ 라 하면 $\dot{x} = Ax + Bu$는

$$P\dot{z} = APz + Bu \ \ 이고$$

새로운 상태변수 z에 대하여 정리하면 대각선 표준형(Diagonal Canonical Form)의 상태방정식이 얻어진다.

$$\dot{z} = P^{-1}APz + P^{-1}Bu$$
$$= A_d z + B_d u$$
$$y = CPz = C_d z$$

계통이 다음과 같이 가 제어 표준형으로 주어진 경우 대각선 표준형으로 상태방정식을 나타내 보자.

$$\begin{bmatrix} \dot{x}_1 \\ \dot{x}_2 \end{bmatrix} = \begin{bmatrix} 0 & 1 \\ -4 & -5 \end{bmatrix} \begin{bmatrix} x_1 \\ x_2 \end{bmatrix} + \begin{bmatrix} 0 \\ 1 \end{bmatrix} u$$

$$y = \begin{bmatrix} 1 & 0 \end{bmatrix} \begin{bmatrix} x_1 \\ x_2 \end{bmatrix}$$

서로 다른 극점이 $p_1 = -1$, $p_2 = -4$ 이므로 변환행렬 즉, Vandermonde Matrix P 는 다음과 같다.

$$P = \begin{bmatrix} 1 & 1 \\ -1 & -4 \end{bmatrix}$$

$$P^{-1} = \frac{adj(P)}{\det(P)} = \frac{1}{\det(P)} \begin{bmatrix} p_{22} & -p_{12} \\ -p_{21} & p_{11} \end{bmatrix}, \text{단 } P = \begin{bmatrix} p_{11} & p_{12} \\ p_{21} & p_{22} \end{bmatrix} \text{ 으로부터}$$

$$P^{-1} = \frac{1}{-3} \begin{bmatrix} -4 & -1 \\ 1 & 1 \end{bmatrix} = \begin{bmatrix} \dfrac{4}{3} & \dfrac{1}{3} \\ -\dfrac{1}{3} & -\dfrac{1}{3} \end{bmatrix}$$

으로 구하여진다.

$$P^{-1}AP = \begin{bmatrix} \dfrac{4}{3} & \dfrac{1}{3} \\ -\dfrac{1}{3} & -\dfrac{1}{3} \end{bmatrix} \begin{bmatrix} 0 & 1 \\ -4 & -5 \end{bmatrix} \begin{bmatrix} 1 & 1 \\ -1 & -4 \end{bmatrix}$$

$$= \begin{bmatrix} -\dfrac{4}{3} & -\dfrac{1}{3} \\ \dfrac{4}{3} & \dfrac{4}{3} \end{bmatrix} \begin{bmatrix} 1 & 1 \\ -1 & -4 \end{bmatrix} = \begin{bmatrix} -1 & 0 \\ 0 & -4 \end{bmatrix}$$

$$P^{-1}B = \begin{bmatrix} \dfrac{4}{3} & \dfrac{1}{3} \\ -\dfrac{1}{3} & -\dfrac{1}{3} \end{bmatrix} \begin{bmatrix} 0 \\ 1 \end{bmatrix} = \begin{bmatrix} \dfrac{1}{3} \\ -\dfrac{1}{3} \end{bmatrix}$$

$$CP = \begin{bmatrix} 1 & 0 \end{bmatrix} \begin{bmatrix} 1 & 1 \\ -1 & -4 \end{bmatrix} = \begin{bmatrix} 1 & 1 \end{bmatrix}$$

이므로 대각선 표준형 상태 방정식은

$$\begin{bmatrix} \dot{z_1} \\ \dot{z_2} \end{bmatrix} = \begin{bmatrix} -1 & 0 \\ 0 & -4 \end{bmatrix} \begin{bmatrix} z_1 \\ z_2 \end{bmatrix} + \begin{bmatrix} \dfrac{1}{3} \\ -\dfrac{1}{3} \end{bmatrix} u$$

$$y = \begin{bmatrix} 1 & 1 \end{bmatrix} \begin{bmatrix} z_1 \\ z_2 \end{bmatrix}$$

로 표현된다.

6.3 │ 상태 방정식으로부터 전달함수를 구하는 방법

다음의 미분 방정식으로 표현되는 계통을 생각하자.

$$\frac{d^2 y}{dt^2} + 3\frac{dy}{dt} + 2y = u$$

이 계통을 전달함수로 표현하면 다음과 같다.

$$\frac{Y(s)}{U(s)} = \frac{1}{s^2 + 3s + 2}$$

여기서, 상태변수를 $x_1 = y$, $x_2 = \dfrac{dy}{dt}$ 로 놓고 이 계통을 상태 방정식으로

표현하면 다음과 같다.

$$\dot{x} = Ax + Bu = \begin{bmatrix} 0 & 1 \\ -2 & -3 \end{bmatrix} \begin{bmatrix} x_1 \\ x_2 \end{bmatrix} + \begin{bmatrix} 0 \\ 1 \end{bmatrix} u$$

$$y = Cx = \begin{bmatrix} 1 & 0 \end{bmatrix} \begin{bmatrix} x_1 \\ x_2 \end{bmatrix}$$

계통을 표현하는 상태 방정식으로부터 전달함수를 구하고자 하는 경우를 생각해보자.

결론부터 이야기하면 계통을 나타내는 원래의 미분 방정식으로부터 전달함수를 구하는 것과 완전히 동일한 과정을 거치면 된다. 다만 계통이 상태 방정식으로 표현되어 있기 때문에 그에 필요한 수학적 연산과정만 더 고려해주면 된다.

앞의 상태 방정식을 풀어서 표현하면 다음과 같다.

$$\dot{x}_1 = x_2$$
$$\dot{x}_2 = -2x_1 - 3x_2 + u$$
$$y = x_1$$

1) 초기 조건을 무시하고 Laplace Transform을 취한다.

$$sX_1(s) = X_2(s)$$
$$sX_2(s) = -2X_1(s) - 3X_2(s) + U(s)$$
$$Y(s) = X_1(s)$$

그런데, 여기서

$$X(s) = \begin{bmatrix} X_1(s) & X_2(s) \end{bmatrix}^T$$
$$A = \begin{bmatrix} 0 & 1 \\ -2 & -3 \end{bmatrix}$$
$$B = \begin{bmatrix} 0 & 1 \end{bmatrix}^T, \quad C = \begin{bmatrix} 1 & 0 \end{bmatrix}$$

으로 놓으면 이 결과는 다음과 같이 Vector-Matrix 형으로 표현된다.

$$sX(s) = AX(s) + BU(s) = \begin{bmatrix} 0 & 1 \\ -2 & -3 \end{bmatrix} \begin{bmatrix} X_1(s) \\ X_2(s) \end{bmatrix} + \begin{bmatrix} 0 \\ 1 \end{bmatrix} U(s)$$

$$Y(s) = CX(s) = [1\ 0] \begin{bmatrix} X_1(s) \\ X_2(s) \end{bmatrix}$$

이 결과를 관찰해 보면 굳이 상태 방정식을 풀어서 표현하였다가 Laplace 변환 후에 다시 묶어서 Vector-Matrix 형으로 표현할 필요 없이 Vector-Matrix 형으로 표현된 원래의 상태 방정식에서 바로 Laplace 변환을 취하여도 된다는 사실을 알 수 있다.

2) 입력의 Laplace 변환 $U(s)$에 대한 출력의 Laplace 변환 $Y(s)$의 비 $[Y(s)/U(s)]$를 구한다.

$sX(s) = AX(s) + BU(s)$ 를 $X(s)$ 와 $U(s)$에 관하여 정리하면 $(sI - A)X(s) = BU(s)$ 가 되고 양변에 $(sI - A)^{-1}$ 을 곱하면 $X(s) = (sI - A)^{-1} BU(s)$ 가 얻어진다.

따라서 $Y(s) = C(sI - A)^{-1} BU(s)$ 이고 전달함수는 다음과 같이 얻어진다.

$$\frac{Y(s)}{U(s)} = C(sI - A)^{-1} B$$

여기서,

$I = \begin{bmatrix} 1 & 0 \\ 0 & 1 \end{bmatrix}$ 는 $AI = IA = A$ 가 되는 단위 Matrix 이고

Matrix M 에 대하여 Matrix Inverse M^{-1} 는 $MM^{-1} = M^{-1}M = I$ 가 되며 아래와 같이 구해진다.

$$M^{-1} = \frac{adj(M)}{\det(M)} = \frac{1}{\det(M)} \begin{bmatrix} m_{22} & -m_{12} \\ -m_{21} & m_{11} \end{bmatrix}, 단 M = \begin{bmatrix} m_{11} & m_{12} \\ m_{21} & m_{22} \end{bmatrix}$$

이상의 내용을 바탕으로 전달함수를 실제로 구해보면 다음과 같다.

$$\frac{Y(s)}{U(s)} = C(sI-A)^{-1}B = \begin{bmatrix} 1 & 0 \end{bmatrix} \frac{\begin{bmatrix} s+3 & 1 \\ -2 & s \end{bmatrix}}{(s^2+3s+2)} \begin{bmatrix} 0 \\ 1 \end{bmatrix} = \frac{1}{(s^2+3s+2)}$$

> **주의** 특성방정식은 $\det(sI-A)=0$ 또는 $|sI-A|=0$ 으로 표현됨을 알 수 있다.

6.4 | 상사 변환(Similarity Transformation)

앞에서 구한 가 제어 표준형 상태 방정식과 가 관측 표준형 상태 방정식과 변환하기 전의 원래 상태방정식으로부터 전달함수를 구해보자.

(1) 가 제어 표준형 상태 방정식으로부터 구한 전달함수

$$\frac{Y(s)}{U(s)} = C_c\,(sI-A_c)^{-1}B_c = \begin{bmatrix} 5 & 1 \end{bmatrix} \frac{\begin{bmatrix} s+4 & 1 \\ -5 & s \end{bmatrix}}{(s^2+4s+5)} \begin{bmatrix} 0 \\ 1 \end{bmatrix} = \frac{s+5}{(s^2+4s+5)}$$

(2) 가 관측 표준형 상태 방정식으로부터 구한 전달함수

$$\frac{Y(s)}{U(s)} = C_o\,(sI-A_o)^{-1}B_o = \begin{bmatrix} 0 & 1 \end{bmatrix} \frac{\begin{bmatrix} s+4 & -5 \\ 1 & s \end{bmatrix}}{(s^2+4s+5)} \begin{bmatrix} 5 \\ 1 \end{bmatrix} = \frac{s+5}{(s^2+4s+5)}$$

(3) 원래의 상태 방정식으로부터 구한 전달함수

$$\frac{Y(s)}{U(s)} = C(sI-A)^{-1}B = \begin{bmatrix} 1 & 0 \end{bmatrix} \frac{\begin{bmatrix} s+3 & 2 \\ -1 & s+1 \end{bmatrix}}{(s^2+4s+5)} \begin{bmatrix} 1 \\ 1 \end{bmatrix} = \frac{s+5}{(s^2+4s+5)}$$

이와 같이 동일한 임의의 계통에 대하여 변환 행렬을 이용하여 한 가지 형태의 상태 방정식에서 다른 형태의 상태 방정식으로 변환하여 표현하여도 계통의 전달함수 그리고 특성방정식 등이 바뀌지 않고 동일하기 때문에 이러한 변환들을 **상사변환**(Similarity Transformation)이라 한다.

극점이 서로 다른 실수로 주어지는 경우에는 변환 행렬을 이용하여 대각선 표준형(Diagonal Canonical Form: DCF) 상태 방정식으로, 실수인 중근을 갖는 경우 Jordan 표준형(Jordan Canonical Form: JCF) 상태 방정식으로 변환할 수 있으며 이 경우에도 당연히 동일한 계통을 표현한 가 제어 표준형 또는 가 관측 표준형 상태 방정식으로부터 얻는 전달함수와 동일한 전달함수가 얻어진다.

07 전달함수의 분해

7.1 | 전달함수의 분해란 무엇인가?

7.1.1 선형계통을 기술하는 여러 방법사이의 상호관계

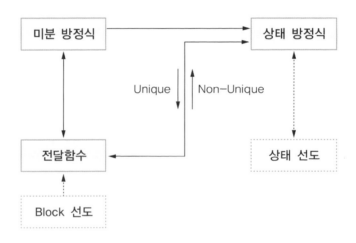

7.1.2 전달함수로 표현되는 선형계통의 모의실험(Simulation)

인류가 달에 우주인을 처음 보낸 역사적인 일은 1969년에 일어난 사건이다. 인간을 달에 보내는 그 어려운 일을 성취하는데 여러 분야의 최고 기술이 필요하였지만, 자동제어 기술을 빼 놓을 수는 없을 것이다. 그러면, 지금과 같은 고도의 Digital Computer 기술이 발전되어 있지 못하였던 그 시절에는 최근에

Computer를 이용하여 비교적 쉽게 하고 있는 동적계통에 대한 모의실험을 어떻게 하였을까?

전달함수로 표현된 선형계통을 상태 방정식으로 표현하면 여러 개의 상태변수에 대한 1차 미분 방정식이 얻어진다. 이 상태 방정식의 구조를 자세히 살펴보면 각각의 상태 방정식의 1차 미분 항은 각각의 다른 상태변수들에 상수를 곱하여 합한 것(이것을 선형 조합(Linear Combination) 이라한다.)과 입력 항으로 구성되어 있음을 알 수 있다. 어떤 변수에 상수를 곱하고 더하는 연산과 미분, 적분 연산은 연산 증폭기(Operational Amplifier: OP Amp)를 이용하는 Analog 전자회로를 이용하여 구현(Realization)될 수 있다.

따라서 어떤 계통에 가해지는 입력에 대한 출력을 OP Amp를 이용하여 계통을 구현(Realization)한 Analog 전자회로에서 미리 구해봄으로써 계통의 동작에 대한 중요한 정보를 미리 구하고 연구할 수 있게 되는 것이며 이것은 바로 Analog Computer를 이용한 모의실험(Simulation)인 것이다. Realization 이라는 용어가 전달함수의 분해로 표현되고 있지만 사실은 전달함수로 표현된 계통을 Analog 전자회로로 구현(Realization)될 수 있는 형태로 표현한다는 의미가 원래의 뜻에 더 적합한 것이라고 볼 수 있다.

이러한 의미는 Digital Computer 기술이 고도로 발전한 오늘날에도 본질적으로 다르지 않아서 상태방정식으로 표현된 계통에 어떤 입력이 가해졌을 때의 출력을 계산하는 방법만 Digital Computer 내의 이진수(Binary Number)의 연산으로 바뀌었을 뿐이다.

전달함수가 상태 방정식으로 표현되는 전달함수의 분해는 아래에 보이는 바와 같은 방법들로 구분된다.

전달함수 ⟶ 상태방정식
(전달함수의 분해)
(Realization Method)

① Direct Realization(직접분해)

    1) 가 제어 표준형

    2) 가 관측 표준형

② Cascade Realization(종속분해)

③ Parallel Realization(병렬분해)

> **주의** 분해를 의미하는 영문 단어로 Realization 대신 Decomposition을 사용하는 문헌도 있다.

7.2 | 전달함수의 분해

7.2.1 Direct Realization(직접분해)

전달함수의 분모가 인수분해 되어있는 형태가 아닌 경우에 유용한 방법이다.

(1) 가 제어 표준형 (Controllable Canonical Form)

$$\frac{Y(s)}{U(s)} = \frac{b_{n-1}s^{n-1} + \cdots + b_1 s + b_0}{s^n + a_{n-1}s^{n-1} + \cdots + a_1 s + a_0} = \frac{N(s)}{D(s)}$$

$$U(s) \longrightarrow \boxed{\frac{N(s)}{D(s)}} \longrightarrow Y(s)$$

$$U(s) \longrightarrow \boxed{\frac{1}{D(s)}} \xrightarrow{V(s)} \boxed{N(s)} \longrightarrow Y(s)$$

$U(s) = D(s)V(s)$ 이므로

$$(s^n + a_{n-1}s^{n-1} \cdots + a_1 s + a_0)V(s) = U(s)$$

로 표현된다.

역 Laplace 변환을 취하면 다음과 같다.

$$\frac{d^n v(t)}{dt^n} + a_{n-1}\frac{d^{n-1}v(t)}{dt^{n-1}} \cdots + a_1 \frac{dv(t)}{dt} + a_0 v(t) = u(t) - ①$$

$Y(s) = N(s)V(s)$ 이므로

$$(b_{n-1}s^{n-1} + \cdots + b_1 s + b_0)V(s) = Y(s)$$

로 표현된다.

역 Laplace 변환을 취하면 다음과 같다.

$$b_{n-1}\frac{d^{n-1}v(t)}{dt^{n-1}} + \cdots + b_1 \frac{dv(t)}{dt} + b_0 v(t) = y(t) - ②$$

① 식에서

$$x_1 = v(t)$$
$$x_2 = \frac{dv(t)}{dt}$$
$$\vdots$$
$$x_n = \frac{d^{n-1}v(t)}{dt^{n-1}}$$

로 두면

$$\dot{x}_1 = x_2$$
$$\dot{x}_2 = x_3$$
$$\vdots$$
$$\dot{x}_n = -a_0 x_1 - a_1 x_2 - \cdots - a_{n-1}x_n + u$$

②식에서

$$y = b_0 x_1 + b_1 x_2 + \cdots + b_{n-1} x_n$$

이식을 Vector-Matrix 형으로 표현하고 Block Diagram으로 표현하면 다음과 같다.

$$\begin{bmatrix} \dot{x}_1 \\ \dot{x}_2 \\ \dot{x}_3 \\ \vdots \\ \dot{x}_n \end{bmatrix} = \begin{bmatrix} 0 & 1 & 0 & \cdots & 0 \\ 0 & 0 & 1 & \cdots & 0 \\ 0 & 0 & 0 & \cdots & 0 \\ \vdots & & & & \vdots \\ -a_0 & -a_1 & \cdots & & -a_{n-1} \end{bmatrix} \begin{bmatrix} x_1 \\ x_2 \\ x_3 \\ \vdots \\ x_n \end{bmatrix} + \begin{bmatrix} 0 \\ 0 \\ 0 \\ \vdots \\ 1 \end{bmatrix} u$$

$$y = \begin{bmatrix} b_0 & b_1 & b_2 & \cdots & b_{n-1} \end{bmatrix} \begin{bmatrix} x_1 \\ x_2 \\ x_3 \\ \vdots \\ x_n \end{bmatrix}$$

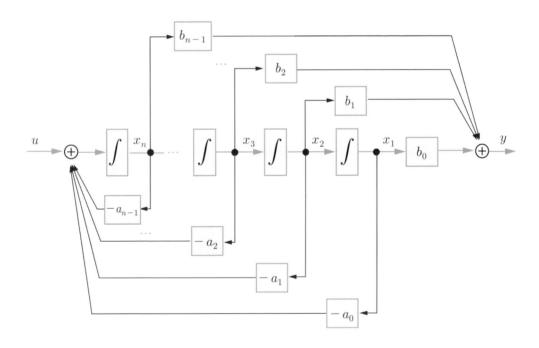

예제

아래의 전달함수로 표현된 계통에 대하여 직접분해 방법으로 가 제어 표준형상태 방정식
을 구하여 보자.

$$\frac{Y(s)}{U(s)} = \frac{1}{s^2 + 3s + 2}$$

아래와 같은 간단한 Block Diagram 으로 나타내 생각한다.

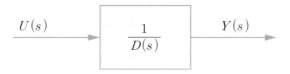

$U(s) = D(s)\,Y(s)$ 이므로 다음과 같다.

$$(s^2 + 3s + 2)\,Y(s) = U(s)$$

역 Laplace 변환을 취하여 시간영역에서 표현하면 다음과 같다.

$$\rightarrow \frac{d^2 y(t)}{dt^2} + 3\frac{dy(t)}{dt} + 2y(t) = u(t) - ①$$

①식에서 상태 변수를

$$x_1 = y(t)$$
$$x_2 = \frac{dy(t)}{dt}$$

와 같이 위상변수(Phase Variable) 형태로 놓으면

상태 방정식은 다음과 같이 얻어진다.

$$\dot{x}_1 = x_2$$
$$\dot{x}_2 = -2x_1 - 3x_2 + u$$

$y(t)$가 출력이므로 출력 방정식은 다음과 같이 구해진다.

$$y = x_1$$

Block Diagram 으로 표현하면 다음과 같다.

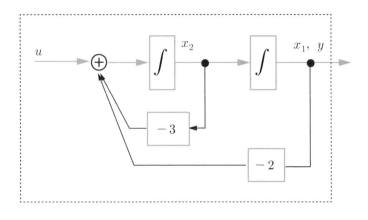

예제

아래의 전달함수로 표현된 계통에 대하여 직접분해 방법으로 가 제어 표준형상태 방정식
을 구하여 보자.

$$\frac{Y(s)}{U(s)} = \frac{s+3}{s^2+3s+2}$$

분모 다항식과 분자 다항식을 구분하여 아래와 같이 간단한 Block Diagram 으로
나타내 생각한다.

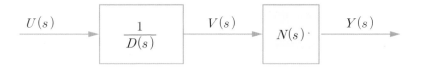

$U(s) = D(s)V(s)$ 이므로 다음과 같다.

$$(s^2+3s+2)V(s) = U(s)$$

역 Laplace 변환을 취하여 시간영역에서 표현하면 다음과 같다.

$$\frac{d^2v(t)}{dt^2} + 3\frac{dv(t)}{dt} + 2v(t) = u(t) - ①$$

$Y(s) = N(s)V(s)$ 이므로 다음과 같다.

$$(s+3)V(s) = Y(s)$$

역 Laplace 변환을 취하여 시간영역에서 표현하면 다음과 같다.

$$\frac{dv(t)}{dt} + 3v(t) = y(t) - ②$$

①식에서 상태 변수를

$$x_1 = v(t)$$
$$x_2 = \frac{dv(t)}{dt}$$

와 같이 위상변수(Phase Variable) 형태로 놓으면 상태 방정식은 다음과 같이 얻어진다.

$$\dot{x_1} = x_2$$
$$\dot{x_2} = -2x_1 - 3x_2 + u$$

②식에서 출력 방정식이 다음과 같이 구해진다.

$$y = 3x_1 + x_2$$

Block Diagram 으로 표현하면 다음과 같다.

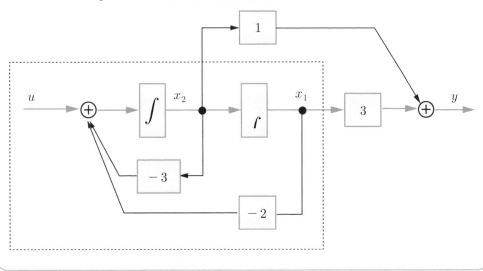

위에서 보인 두 예제로부터 전달함수의 분자가 상수가 아닌 다항식으로 되어있는 경우(유한한 영점을 가지는 경우), 가 제어 표준형(Controllable Canonical Form)

상태 방정식을 구해보면 상태 방정식은 동일하고 출력방정식에만 그 효과가 나타나게 된다는 것을 알 수 있다. Block Diagram에서 점선 Box 부분이 상태 방정식을 나타내는 부분이며 그 차이점을 비교하여 볼 수 있을 것이다.

(2) 가 관측 표준형 (Observable Canonical Form)

다음의 전달함수로 표현된 계통에 대하여 생각한다.

$$\frac{Y(s)}{U(s)} = \frac{b_{n-1}s^{n-1} + \cdots + b_1 s + b_0}{s^n + a_{n-1}s^{n-1} + \cdots + a_1 s + a_0} = \frac{N(s)}{D(s)}$$

이것을 시간 영역에서 표현 하면 다음과 같다.

$$\frac{d^n y}{dt^n} + a_{n-1}\frac{d^{n-1}y}{dt^{n-1}} + \cdots + a_1\frac{dy}{dt} + a_0 y(t)$$

$$= b_{n-1}\frac{d^{n-1}u}{dt^{n-1}} + \cdots + b_1\frac{du}{dt} + b_0 u(t)$$

양변을 n번 적분하면 그 결과는

$$y(t) = -a_{n-1}\int y dt - \cdots - a_1 \iint \cdots \int y dt^{n-1} - a_0 \iint \cdots \int y dt^n$$

$$+ b_{n-1}\int u dt + \cdots + b_1 \iint \cdots \int u dt^{n-1} + b_0 \iint \cdots \int u dt^n$$

이것을 Block diagram으로 그리면

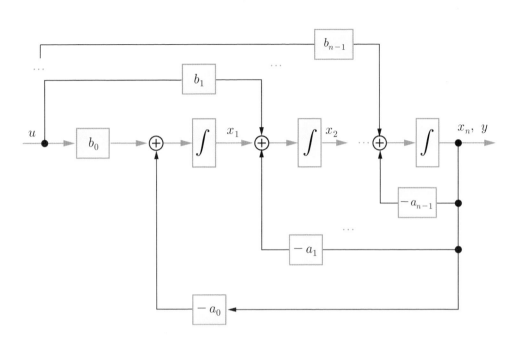

위 그림에서 좌부터 차례로 적분기의 출력을 상태 변수 x_1, x_2, $\cdots$ x_n으로 정해보자.

이것을 상태 방정식으로 표현하면

$$\begin{aligned}
\dot{x_1} &= \quad -a_0 x_n + b_0 u \\
\dot{x_2} &= x_1 \phantom{x_{n-1}} -a_1 x_n + b_1 u \\
& \vdots \\
\dot{x_n} &= x_{n-1} - a_{n-1} x_n + b_{n-1} u
\end{aligned}$$

이 된다.

출력 방정식은

$$y = x_n$$

이 된다.

이것을 Vector-Matrix 형으로 표현하면 다음과 같다.

$$\begin{bmatrix} \dot{x}_1 \\ \dot{x}_2 \\ \dot{x}_3 \\ \vdots \\ \dot{x}_n \end{bmatrix} = \begin{bmatrix} 0 & 0 & 0 & \cdots & -a_0 \\ 1 & 0 & 0 & \cdots & -a_1 \\ 0 & 1 & 0 & \cdots & -a_2 \\ \vdots & & & & \vdots \\ 0 & 0 & \cdots & 1 & -a_{n-1} \end{bmatrix} \begin{bmatrix} x_1 \\ x_2 \\ x_3 \\ \vdots \\ x_n \end{bmatrix} + \begin{bmatrix} b_0 \\ b_1 \\ b_2 \\ \vdots \\ b_{n-1} \end{bmatrix} u$$

$$y = \begin{bmatrix} 0 & 0 & 0 & \cdots & 1 \end{bmatrix} \begin{bmatrix} x_1 \\ x_2 \\ x_3 \\ \vdots \\ x_n \end{bmatrix}$$

> **주의** 위 그림에서 좌측에서 부터가 아니라 우측에서부터 차례로 적분기의 출력을 상태 변수 x_1, x_2, $\cdots$ x_n 으로 정해도 되며, 상태 방정식은 얻을 수 있다. 그러나 그 상태 방정식은 우리가 기대하는 가 관측 표준형이 아니라는 사실을 생각하면 굳이 경험을 통하여 결과를 알면서 그렇게 구할 이유는 없다는 것을 생각하도록 하자. 이후에도 상태 변수를 잡는 순서에서 비슷한 경우가 있는데 마찬가지 사유로 이해하도록 하자.

예제

아래의 전달함수로 표현된 계통에 대하여 직접분해 방법으로 가 관측 표준형상태 방정식을 구하여 보자.

$$\frac{Y(s)}{U(s)} = \frac{s+3}{s^2+3s+2}$$

이 전달함수를 시간 영역에서 표현 하면 다음과 같다.

$$\frac{d^2y}{dt^2} + 3\frac{dy}{dt} + 2y$$

$$= \frac{du}{dt} + 3u$$

양변을 2번 적분하면 그 결과는

$$y(t) = -3\int y\, dt - 2\iint y\, dt^2$$
$$+ \int u\, dt + 3\iint u\, dt^2$$

이것을 Block diagram으로 그리면

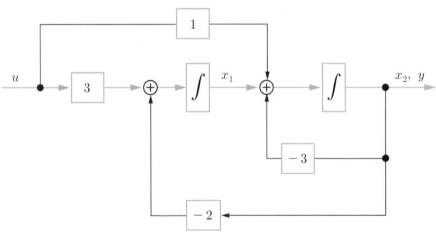

위 그림에서 좌부터 차례로 적분기의 출력을 상태 변수 x_1, x_2 로 정해보자.

이것을 상태 방정식으로 표현하면

$$\dot{x_1} = \qquad -2x_2 + 3u$$
$$\dot{x_2} = x_1 \quad -3x_2 + u$$

이 된다.

출력 방정식은

$$y = x_2$$

이 된다.

이것을 Vector-Matrix 형으로 표현하면 다음과 같다.

$$\begin{bmatrix} \dot{x}_1 \\ \dot{x}_2 \end{bmatrix} = \begin{bmatrix} 0 & -2 \\ 1 & -3 \end{bmatrix} \begin{bmatrix} x_1 \\ x_2 \end{bmatrix} + \begin{bmatrix} 3 \\ 1 \end{bmatrix} u$$

$$y = \begin{bmatrix} 0 & 1 \end{bmatrix} \begin{bmatrix} x_1 \\ x_2 \end{bmatrix}$$

7.2.2 종속분해(Cascade Realization)

간단한 1차(또는 2차)요소의 곱으로 표기된 전달함수인 경우 유용한 방법이다.

$$\frac{Y(s)}{U(s)} = \frac{\beta_m (s + z_1) \cdots (s + z_m)}{(s + p_1) \cdots \cdots (s + p_n)}$$

$$u \longrightarrow \boxed{\frac{\beta_m}{(s + p_1)}} \longrightarrow \boxed{\frac{(s + z_1)}{(s + p_2)}} \longrightarrow \cdots \longrightarrow \boxed{\frac{1}{(s + p_n)}} \longrightarrow y$$

예제를 통하여 종속분해 방법을 알기 쉽게 이해하여 보도록 하자.

예제

아래의 전달함수로 표현된 계통에 대하여 종속분해 방법으로 상태 방정식을 구하여 보자.

$$\frac{Y(s)}{U(s)} = \frac{1}{(s+1)(s+2)} = \frac{1}{(s+1)} \frac{1}{(s+2)}$$

간단한 1차 항으로 이루어진 Block Diagram 으로 표현하면 다음과 같다.

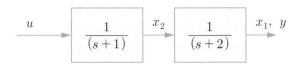

각각 하나의 Block 이 적분기를 포함한 부분으로 다음과 같이 표현된다.

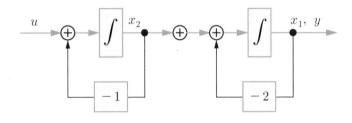

상태 방정식으로 표현하면 다음과 같다.

$$\dot{x}_1 = -2x_1 + x_2$$
$$\dot{x}_2 = -x_2 + u , \quad y = x_1$$

이것을 Vector-Matrix 형태로 나타내면 아래와 같다.

$$\begin{bmatrix} \dot{x}_1 \\ \dot{x}_2 \end{bmatrix} = \begin{bmatrix} -2 & 1 \\ 0 & -1 \end{bmatrix} \begin{bmatrix} x_1 \\ x_2 \end{bmatrix} + \begin{bmatrix} 0 \\ 1 \end{bmatrix} u$$
$$y = \begin{bmatrix} 1 & 0 \end{bmatrix} \begin{bmatrix} x_1 \\ x_2 \end{bmatrix}$$

예제

다음의 계통에 대하여 종속분해 방법을 적용하여 상태방정식을 구해보자.

$$\frac{Y(s)}{U(s)} = \frac{(s+3)}{(s+2)^2(s+5)} = \frac{s+3}{s+2} \frac{1}{s+2} \frac{1}{s+5}$$

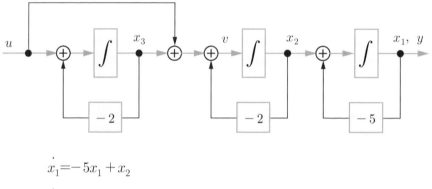

$$u \xrightarrow{\quad} \boxed{\dfrac{(s+3)}{(s+2)}} \xrightarrow{v} \boxed{\dfrac{1}{(s+2)}} \xrightarrow{x_2} \boxed{\dfrac{1}{(s+5)}} \xrightarrow{x_1,\ y}$$

입력(input)의 미분(derivative) 이 생기는데 이를 피하기 위해

$$\frac{V(s)}{U(s)} = \frac{s+3}{s+2} \rightarrow \frac{V(s)}{U(s)} = \frac{1}{s+2} + 1$$

로 분해한다.

Block diagram으로 표현하면 다음과 같다.

$$\dot{x}_1 = -5x_1 + x_2$$

$$\dot{x}_2 = \qquad -2x_2 + x_3 + u$$

$$\dot{x}_3 = \qquad\qquad -2x_3 + u$$

$$y = x_1$$

$\rightarrow$

$$\begin{bmatrix} \dot{x}_1 \\ \dot{x}_2 \\ \dot{x}_3 \end{bmatrix} = \begin{bmatrix} -5 & 1 & 0 \\ 0 & -2 & 1 \\ 0 & 0 & -2 \end{bmatrix} \begin{bmatrix} x_1 \\ x_2 \\ x_3 \end{bmatrix} + \begin{bmatrix} 0 \\ 1 \\ 1 \end{bmatrix} u$$

$$y = \begin{bmatrix} 1 & 0 & 0 \end{bmatrix} \begin{bmatrix} x_1 \\ x_2 \\ x_3 \end{bmatrix}$$

7.2.3 병렬분해(Parallel Realization)

전달함수의 분모가 인수 분해된 형태일 때 유용한 방법이며 부분분수로 전개하여 병렬 분해하는 경우도 생각할 수 있다.

– 부분분수 전개(partial fraction expansion)

$$\frac{Y(s)}{U(s)} = \frac{b_{n-1}s^{n-1} + \cdots + b_1 s + b_0}{s^n + a_{n-1}s^{n-1} + \cdots + a_1 s + a_0}$$

$$= \frac{\alpha_1}{s + p_1} + \frac{\alpha_2}{s + p_2} + \cdots + \frac{\alpha_n}{s + p_n}$$

간단한 Block Diagram으로 표현하면

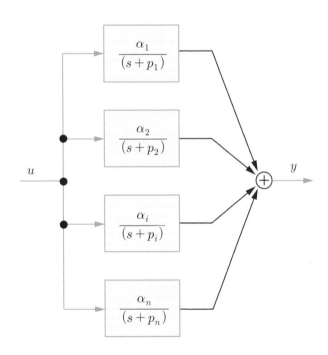

i 번째 Block에서

$$\dot{x_i} = -p_i x_i + \alpha_i u$$

$$\alpha_i = \beta_i \delta_i$$

로 놓으면 i 번째 Block은 다음과 같다.

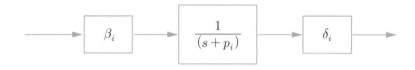

전체 Block 선도는 다음과 같다.

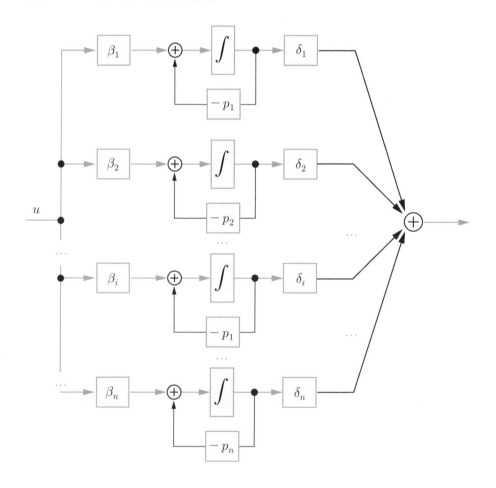

위에서 아래로 차례로 적분기의 출력을 상태변수

$$x_1, \ x_2, \cdots \ x_n$$

으로 정한다.

Vector-Matrix 형태로 상태 방정식과 출력 방정식을 정리하면 다음과 같다.

$$\begin{bmatrix} \dot{x}_1 \\ \dot{x}_2 \\ \dot{x}_3 \\ \vdots \\ x_n \end{bmatrix} = \begin{bmatrix} -p_1 & 0 & 0 & \cdots & 0 \\ 0 & -p_2 & 0 & \cdots & 0 \\ 0 & 0 & -p_3 & \cdots & 0 \\ \vdots & & & & \vdots \\ 0 & 0 & \cdots & 0 & -p_n \end{bmatrix} \begin{bmatrix} x_1 \\ x_2 \\ x_3 \\ \vdots \\ x_n \end{bmatrix} + \begin{bmatrix} \beta_1 \\ \beta_2 \\ \beta_3 \\ \beta_4 \\ \beta_5 \end{bmatrix} u$$

$$y = \begin{bmatrix} \delta_1 & \delta_2 & \delta_3 & \cdots & \delta_n \end{bmatrix} \begin{bmatrix} x_1 \\ x_2 \\ x_3 \\ \vdots \\ x_n \end{bmatrix}$$

위의 상태방정식에서 System Matrix 중에서 A Matrix를 관찰해 보면 다음 과 같은 사실을 알 수 있다.

1) 0이 아닌 요소가 행렬의 대각 방향으로 분포한다. → Diagonal Matrix
   따라서 위와 같은 형태의 상태 방정식을 대각선 표준형
   (Diagonal Canonical Form)이라 한다.
2) 각 요소가 각각 서로 다른 특성 방정식의 근(극점)들로서 구성되어 있음을 알 수 있다.
3) 상태방정식이 독립적으로 서로 분해되어 개별적으로 풀 수 있다.

아래의 전달함수와 같이 부분 분수로 표현된 계통에 대하여 병렬분해 방법으로 상태 방정식을 구하여 보자.

$$\frac{Y(s)}{U(s)} = \frac{1}{(s^2 + 3s + 2)} = \frac{1}{(s+1)} + \frac{-1}{(s+2)}$$

간단한 1차 항으로 이루어진 Block Diagram 으로 표현하면 다음과 같다.

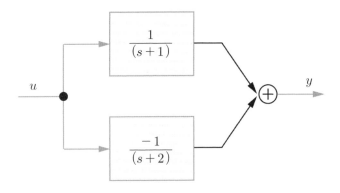

각각 하나의 Block 이 적분기를 포함한 부분으로 다음과 같이 표현된다.

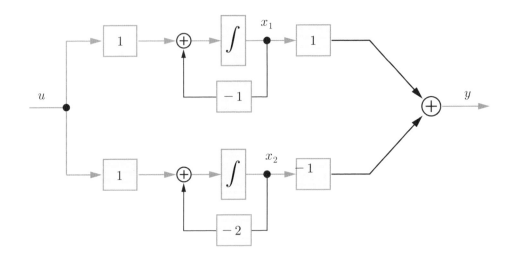

상태 방정식으로 표현하면 다음과 같다.

$$\dot{x_1} = -x_1 + u$$
$$\dot{x_2} = -2x_2 + u, \quad y = x_1 - x_2$$

이것을 Vector-Matrix 형태로 나타내면 아래와 같다.

$$\begin{bmatrix} \dot{x_1} \\ \dot{x_2} \end{bmatrix} = \begin{bmatrix} -1 & 0 \\ 0 & -2 \end{bmatrix} \begin{bmatrix} x_1 \\ x_2 \end{bmatrix} + \begin{bmatrix} 1 \\ 1 \end{bmatrix} u$$

$$y = \begin{bmatrix} 1 & -1 \end{bmatrix} \begin{bmatrix} x_1 \\ x_2 \end{bmatrix}$$

7.2.4 중복 극을 갖는 경우의 병렬분해:

$$\frac{Y(s)}{U(s)} = \frac{\alpha_1}{(s+p_1)^3} + \frac{\alpha_2}{(s+p_1)^2} + \frac{\alpha_3}{(s+p_1)} + \frac{\alpha_4}{(s+p_4)} + \frac{\alpha_5}{(s+p_5)}$$

Block 선도로 표현하면 다음과 같다.

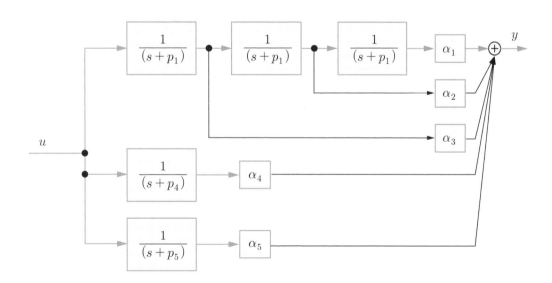

이것을 풀어서 다시 그리면 다음과 같다.

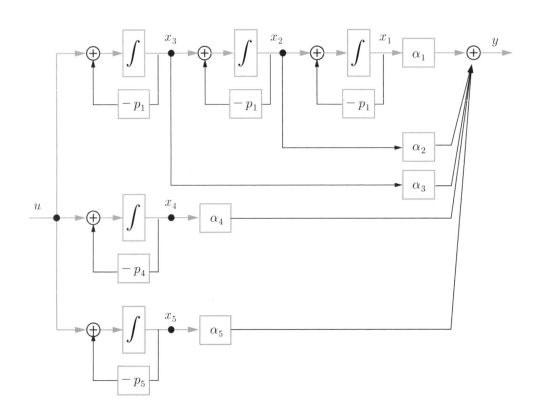

우측 적분기의 출력부터 상태변수를 잡아나가면 상태방정식과 출력방정식
은 각각 다음과 같다.

$$\dot{x}_1 = -p_1 x_1 + x_2$$
$$\dot{x}_2 = -p_1 x_2 + x_3$$
$$\dot{x}_3 = -p_1 x_3 + u$$
$$\dot{x}_4 = -p_4 x_4 + u$$
$$\dot{x}_5 = -p_5 x_5 + u$$

$$y = \alpha_1 x_1 + \alpha_2 x_2 + \alpha_3 x_3 + \alpha_4 x_4 + \alpha_5 x_5$$

Vector-Matrix 형태로 표현하면 아래와 같다.

$$
\begin{bmatrix} \dot{x}_1 \\ \dot{x}_2 \\ \dot{x}_3 \\ \dot{x}_4 \\ \dot{x}_5 \end{bmatrix} =
\begin{bmatrix}
-p_1 & 1 & 0 & 0 & 0 \\
0 & -p_1 & 1 & 0 & 0 \\
0 & 0 & -p_1 & 0 & 0 \\
0 & 0 & 0 & -p_4 & 0 \\
0 & 0 & 0 & 0 & -p_5
\end{bmatrix}
\begin{bmatrix} x_1 \\ x_2 \\ x_3 \\ x_4 \\ x_n \end{bmatrix} +
\begin{bmatrix} 0 \\ 0 \\ 1 \\ 1 \\ 1 \end{bmatrix} u
$$

Jordan Blocks

$$
y = \begin{bmatrix} \alpha_1 & \alpha_2 & \alpha_3 & \alpha_4 & \alpha_5 \end{bmatrix}
\begin{bmatrix} x_1 \\ x_2 \\ x_3 \\ x_4 \\ x_5 \end{bmatrix}
$$

위의 상태방정식에서 System Matrix의 A Matrix를 관찰해보면 다음과 같은 사실을 알 수 있다.

① 주 대각선의 요소가 극점으로 구성되어 있다.
② 중복극의 바로 위 요소가 1로 되어 있다.
③ 중복극과 바로 위 1 요소들로 이루어진 점선 부분이 Jordan block 을 형성한다.
  단일 극은 각각 Jordan block을 형성한다.
④ 서로 다른 극의 수는 Jordan block 의 수와 같다.
  이와 같은 형태를 Jordan Canonical Form (JCF, Jordan 표준형)이라 한다.

08 상태공간에서의 제어기 설계

8.1 | 선형계통의 가 제어(可 制御)성

8.1.1 가 제어성의 일반 개념

계통의 모든 상태변수 $x_1(t_0), \cdots x_n(t_0)$이 임의의 제어 $u(t)$로 유한시간 내에 일정 목적 값 $x_1(t_f), \cdots x_n(t_f)$에 도달할 수 있다면 이 계통을 완전 가 제어(Completely controllable)라 한다.

1) 비(非) 가 제어(Uncontrollable)

① 최소 한 개의 비 가 제어 상태가 존재할 경우 일반적으로 이렇게 말하지만
② 단순히 완전 가 제어가 아니라고 구분하여 표현하기도 함.

2) ②의 경우 제어가능 한 상태와 그렇지 않은 상태로 구분할 수 있다.

아래와 같은 Block Diagram 으로 표현되는 계통을 생각하자.

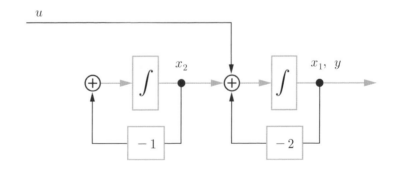

- x_1: 가 제어 상태변수
- x_2: 비 가 제어 상태변수 (State uncontrollable)
- $y = x_1$: 가 제어 출력

상태변수 x_1은 입력을 변화시켜서 그 값을 바꿀 수 있다. 다시 말해서 제어 가능한 상태변수이다. 그러나 상태변수 x_2는 입력을 변화시켜서 그 값을 바꿀 수 없는 비 가 제어 상태변수이다. 다행히 상태변수 x_2의 극점이 $s = -1$에 위치하여 계통이 안정하다는 사실을 확인할 수 있다.

상태선도(State Diagram): 상태 방정식을 신호 흐름 선도의 방법으로 표현한 것으로 위의 Block 선도로 표현된 상태 방정식을 상태선도로 표현하면 다음과 같다.

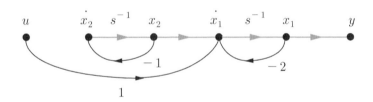

8.1.2 가 제어 성의 정의

① $S = [B \quad AB \quad A^2B \quad \cdots \quad A^{n-1}B]$의 행렬식이 0이 아닌 값을 가지면 완전한 상태 가 제어 이다.

② $\dot{x} = Ax + Bu$ 에 대하여

만일 A와 B가 CCF (가 제어 표준형)이거나 CCF로 변환 가능하면 $[A \quad B]$ 쌍을 System Matrix로 갖는 계통은 완전 가 제어(Completely controllable)이다.

8.1.3 계통의 안정화(Stabilize)

아래와 같은 Block Diagram 으로 표현되는 계통을 생각하자.

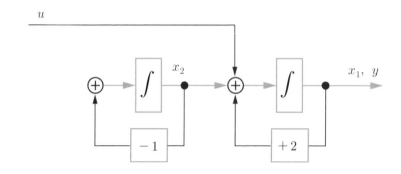

- x_1: 가 제어 상태변수, 상태변수 x_1과 관련된 극점은 $s=+2$에 위치
- x_2: 비 가 제어 상태변수, 상태변수 x_2와 관련된 극점은 $s=-1$에 위치
- $y=x_1$: 가 제어 출력

상태변수 x_1과 관련된 극점은 $s=+2$에 위치하여 계통이 불안정하지만 제어 가능한 상태변수이기 때문에 제어를 통하여 극점의 값을 원하는 위치로 변동시켜서 임의의 음의 실수로 바꿀 수 있다. 다시 말하면 계통을 안정화 (Stabilize) 시키는 것이 가능하다.

한편, 아래와 같은 Block Diagram 으로 표현되는 계통을 생각하자.

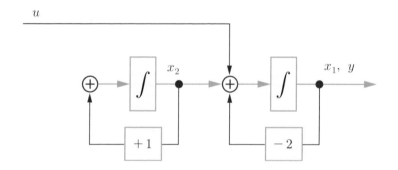

- x_1: 가 제어 상태변수, 상태변수 x_1과 관련된 극점은 $s=-2$에 위치
- x_2: 비 가 제어 상태변수, 상태변수 x_2외 관련된 극점은 $s=+1$에 위치
- $y=x_1$: 가 제어 출력

상태변수 x_2와 관련된 극점은 $s=+1$에 위치하여 계통이 불안정하고 또한 동시에 제어 불가능한 상태변수이기 때문에 제어를 통하여 극점의 값을 원하는 위치로 변동시켜서 임의의 음의 실수로 바꿀 수 없음을 알 수 있다. 결국 이 계통은 불안정(Unstable)하며 안정화 불가능(Unstabilizable)함을 알 수 있다.

8.2 | 선형계통의 가 관측(可 觀測)성

8.2.1 가 관측성의 일반개념

관측(Observe): 입력과 출력을 측정해서 상태변수에 관한 정보를 얻는 것을 말한다.

만일 상태 중 어느 하나라도 출력의 측정으로부터 관측할 수 없으면 그 계통을 완전히 가 관측이 아니라고 하거나(Completely unobservable) 또는 간단히 비 가 관측이라 한다. (Unobservable)

8.2.2 가 관측성의 정의

아래의 상태선도(State diagram) 로 표현되는 계통을 생각해 보자.

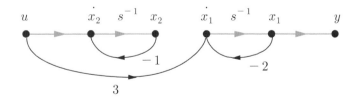

출력 $y(t)$를 측정하였을 때,

$x_1 = y(t)$이므로 상태x_1은 관측 가능하다.

그러나 $x_2(t)$는 $y(t)$에 관한 정보로부터 관측 할 수 없다.

① $V = \begin{bmatrix} C \\ CA \\ \vdots \\ CA^{n-1} \end{bmatrix}$ 의 행렬식이 0이 아니면 완전 가 관측이다.

② 동적 방정식

$$\dot{x} = Ax + Bu$$

$y = C x$ 에서 A와 C가 가 관측 표준형(OCF)이거나 또는 변환에 의하여 OCF로 변환 가능하면 $[A \quad C]$ 쌍을 System Matrix로 갖는 계통은 완전 가 관측 이다.

8.3 │ 선형계통의 상태궤환제어:극점배치 설계(Pole-placement design)

8.3.1 상태 궤환 제어를 갖는 제어 계통

다음의 미분방정식을 갖는 계통 $\dot{x} = Ax + Bu$ 에 대하여 다음의 일정궤환이득 Vector K 를 통하여 상태 궤환 제어를 하는 경우 $u(t) = r(t) - K x(t)$ 가 되며 아래 그림과 같이 표현할 수 있다.

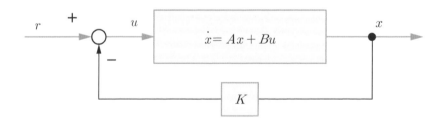

정리하면

$$\dot{x} = (A - BK)\, x(t) + B\, r(t)$$

① $\dot{x} = A\, x + B\, u$에서 극점을 결정하는 특성방정식은 $|sI - A| = 0$으로 구해 진다.

② 상태 궤환의 결과, 특성방정식은 $|sI - (A - BK)| = 0$ 로 변경된다.

　따라서 K를 적절히 선택함으로써 특성방정식의 근을 원하는 값으로 바 꿀 수 있다. : 극점 배치 설계(Pole-placement Design)

예제

$$\begin{bmatrix} \dot{x}_1 \\ \dot{x}_2 \end{bmatrix} = \begin{bmatrix} 0 & 1 \\ -2 & -3 \end{bmatrix} \begin{bmatrix} x_1 \\ x_2 \end{bmatrix} + \begin{bmatrix} 0 \\ 1 \end{bmatrix} u$$

$$y = \begin{bmatrix} 3 & 1 \end{bmatrix} \begin{bmatrix} x_1 \\ x_2 \end{bmatrix}$$

은 특성방정식이 $|sI - A| = s^2 + 3s + 2 = 0$ 이고 극점을 $s = -1,\ -2$에 가지고 있다.

　상태 궤환 제어를 하여 특성방정식을 $s^2 + 10s + 25 = 0$, 극점을 $s = -5,\ -5$에 갖 도록 하는 궤환 이득 Vector K를 구하라.

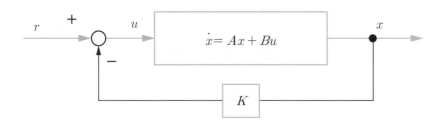

$u = r - Kx$이고 BK가 2×2 Matrix가 되어야 하므로($\because \dot{x} = (A - BK)x + Br$) K는 1×2 Vector가 되어야 한다.

$$K = \begin{bmatrix} k_1 & k_2 \end{bmatrix}$$ 로 놓으면 $BK = \begin{bmatrix} 0 \\ 1 \end{bmatrix}\begin{bmatrix} k_1 & k_2 \end{bmatrix} = \begin{bmatrix} 0 & 0 \\ k_1 & k_2 \end{bmatrix}$ 이므로

상태 궤환의 결과는 다음과 같다.

$$\begin{bmatrix} \dot{x}_1 \\ \dot{x}_2 \end{bmatrix} = \left(\begin{bmatrix} 0 & 1 \\ -2 & -3 \end{bmatrix} - \begin{bmatrix} 0 & 0 \\ k_1 & k_2 \end{bmatrix}\right)\begin{bmatrix} x_1 \\ x_2 \end{bmatrix} + \begin{bmatrix} 0 \\ 1 \end{bmatrix} r$$

$$= \begin{bmatrix} 0 & 1 \\ -(2+k_1) & -(3+k_2) \end{bmatrix}\begin{bmatrix} x_1 \\ x_2 \end{bmatrix} + \begin{bmatrix} 0 \\ 1 \end{bmatrix} r$$

$$-(2+k_1) = -25$$

$$-(3+k_2) = -10$$

이 되어야 하므로 $k_1 = 23$, $k_2 = 7$이다.

따라서 궤환 이득 Vector는 $K = \begin{bmatrix} 23 & 7 \end{bmatrix}$ 이다.

한편 직접 특성 방정식을 아래와 같이 계산해서 구해도 된다.

$$|sI - (A - BK)| = s(s + (3+k_2)) + 1(2+k_1)$$

$$= s^2 + (3+k_2)s + (2+k_1) = 0$$

여기서 특성방정식이 $s^2 + 10s + 25 = 0$ 이 되도록 하고자 하기 때문에

$$3 + k_2 = 10$$

$$2 + k_1 = 25$$

이 되어야 하므로 $k_1 = 23$, $k_2 = 7$이다.

따라서 궤환 이득 Vector는 $K = \begin{bmatrix} 23 & 7 \end{bmatrix}$ 가 된다.

위의 예제와 같은 계통에 대하여 상태 방정식이 가 제어 표준형으로 표현되어 있지 않은 경우에 상태 궤환 제어기 설계는 어떻게 되는지 다음의 예제로서 비교해보자.

예제

$$\begin{bmatrix} \dot{x}_1 \\ \dot{x}_2 \end{bmatrix} = \begin{bmatrix} -2 & 1 \\ 0 & -1 \end{bmatrix} \begin{bmatrix} x_1 \\ x_2 \end{bmatrix} + \begin{bmatrix} 1 \\ 2 \end{bmatrix} u$$

$$y = \begin{bmatrix} 1 & 0 \end{bmatrix} \begin{bmatrix} x_1 \\ x_2 \end{bmatrix}$$

은 특성방정식이 $|sI-A| = s^2 + 3s + 2 = 0$ 이고 극점을 $s = -1, -2$ 에 가지고 있다. 상태 궤환 제어를 하여 특성방정식을 $s^2 + 10s + 25 = 0$, 극점을 $s = -5, -5$ 에 갖도록 하는 궤환 이득 Vector K 를 구하라.

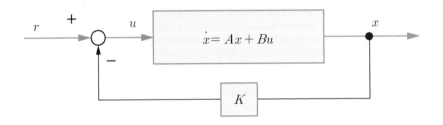

$u = r - Kx$ 이고 BK 가 2×2 Matrix 가 되어야 하므로($\because \dot{x} = (A - BK)x + Br$) K 는 1×2 Vector가 되어야 한다.

$$K = \begin{bmatrix} k_1 & k_2 \end{bmatrix} 로 놓으면 BK = \begin{bmatrix} 1 \\ 2 \end{bmatrix} \begin{bmatrix} k_1 & k_2 \end{bmatrix} = \begin{bmatrix} k_1 & k_2 \\ 2k_1 & 2k_2 \end{bmatrix} 이므로$$

상태 궤환의 결과는 다음과 같다.

$$\begin{bmatrix} \dot{x}_1 \\ \dot{x}_2 \end{bmatrix} = (\begin{bmatrix} -2 & 1 \\ 0 & -1 \end{bmatrix} - \begin{bmatrix} k_1 & k_2 \\ 2k_1 & 2k_2 \end{bmatrix}) \begin{bmatrix} x_1 \\ x_2 \end{bmatrix} + \begin{bmatrix} 1 \\ 2 \end{bmatrix} r$$

$$= \begin{bmatrix} -(2+k_1) & 1-k_2 \\ -2k_1 & -(1+2k_2) \end{bmatrix} \begin{bmatrix} x_1 \\ x_2 \end{bmatrix} + \begin{bmatrix} 1 \\ 2 \end{bmatrix} r$$

상태 방정식의 형태가 가 제어 표준형이 아니기 때문에 직접 특성 방정식을 아래와 같이 계산한다.

$$|sI - (A - BK)| = (s + (2+k_1))(s + (1+2k_2)) + 2k_1(1-k_2)$$

$$= s^2 + (3 + k_1 + 2k_2)s + (2 + 3k_1 + 4k_2) = 0$$

여기서 특성방정식이 $s^2 + 10s + 25 = 0$ 이 되도록 하고자 하기 때문에

$$3 + k_1 + 2k_2 = 10$$

$$2 + 3k_1 + 4k_2 = 25$$

이 되어야 하므로 $k_1 = 9$, $k_2 = -1$이다.

따라서 궤환 이득 Vector는 $K = \begin{bmatrix} 9 & -1 \end{bmatrix}$ 가 된다.

이상의 예에서 보듯이 계통이 가 제어 표준형 상태방정식으로 표현되어 있지 않은 경우 상태 궤환 제어에 의한 극점배치 설계 문제는 꽤 복잡한 대수 연산 풀이를 수반하게 될 수도 있음을 알 수 있다.

예제

다음의 Block Diagram으로 표현되는 계통은 Missile의 가속도 제어계이다.

(1) $K_A = 16$, $q = 4$, $K_R = 4$ 인 경우에 계통의 전달함수를 구하라.

(2) 계통을 상태 방정식으로 표현하고 $s_1 = -8$, $s_2 = -8$ 이 되도록 즉 $s = -8$에 중근을 갖도록 상태 궤환 제어에 의한 극점 배치 설계를 완성하라.

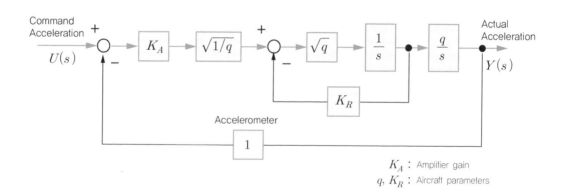

(1) Mason's theorem 을 이용하면 다음과 같이 구해진다.

$$\frac{Y(s)}{U(s)} = \frac{\dfrac{qK_A}{s^2}1}{1 + \dfrac{\sqrt{q}}{s}K_R + \dfrac{qK_A}{s^2}} = \frac{qK_A}{s^2 + \sqrt{q}\,K_R\,s + qK_A}$$

$$= \frac{w_n^2}{s^2 + 2\xi w_n s + w_n^2}$$

$K_A = 16$, $q = 4$, $K_R = 4$ 이므로

$$\frac{Y(s)}{U(s)} = \frac{64}{s^2 + 8s + 64}$$

따라서, $w_n = \sqrt{64} = 8$ 이고

$2\xi w_n = 8$ 로부터 제동계수는 $\xi = \dfrac{8}{2w_n} = 0.5$ 로 구해지며 Overshoot 이 있는

저 제동(Under damped) 응답을 보이게 됨을 알 수 있다.

(2) 가 제어 표준형 상태방정식으로 표현하면 다음과 같다.

$$\begin{bmatrix} \dot{x}_1 \\ \dot{x}_2 \end{bmatrix} = \begin{bmatrix} 0 & 1 \\ -64 & -8 \end{bmatrix} \begin{bmatrix} x_1 \\ x_2 \end{bmatrix} + \begin{bmatrix} 0 \\ 64 \end{bmatrix} u$$

$$y = \begin{bmatrix} 1 & 0 \end{bmatrix} \begin{bmatrix} x_1 \\ x_2 \end{bmatrix}$$

이 계통은 특성방정식이 $|sI - A| = s^2 + 8s + 64 = 0$ 이고

극점을 $s = -4 \pm j4\sqrt{3}$ 에 가지고 있다.

상태 궤환 제어를 하여 특성방정식을 $s^2 + 16s + 64 = 0$, 극점을 $s = -8, -8$ 에

갖도록 하는 궤환 이득 Vector K 를 구해보자.

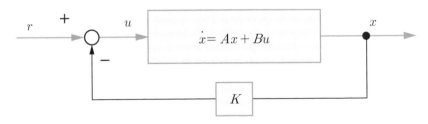

$u = r - Kx$이고 BK가 2×2 Matrix가 되어야 하므로 $(\because \dot{x} = (A - BK)x + Br)$

K는 1×2 Vector가 되어야 한다.

$K = [k_1 \ k_2]$로 놓으면 $BK = \begin{bmatrix} 0 \\ 64 \end{bmatrix} [k_1 \ k_2] = \begin{bmatrix} 0 & 0 \\ 64k_1 & 64k_2 \end{bmatrix}$ 이므로

상태 궤환의 결과는 다음과 같다.

$$\begin{bmatrix} \dot{x_1} \\ \dot{x_2} \end{bmatrix} = (\begin{bmatrix} 0 & 1 \\ -64 & -8 \end{bmatrix} - \begin{bmatrix} 0 & 0 \\ 64k_1 & 64k_2 \end{bmatrix}) \begin{bmatrix} x_1 \\ x_2 \end{bmatrix} + \begin{bmatrix} 0 \\ 64 \end{bmatrix} r$$

$$= \begin{bmatrix} 0 & 1 \\ -(64 + 64k_1) & -(8 + 64k_2) \end{bmatrix} \begin{bmatrix} x_1 \\ x_2 \end{bmatrix} + \begin{bmatrix} 0 \\ 64 \end{bmatrix} r$$

$$-(64 + 64k_1) = -64$$

$$-(8 + 64k_2) = -16$$

이 되어야 하므로 $k_1 = 0$, $k_2 = \dfrac{1}{8}$ 이다.

따라서 궤환 이득 Vector는 $K = [0 \quad 1/8]$ 이다.

8.4 | 관측기(Observer)와 상태 궤환 제어

관측기의 필요성

① 상태변수를 감지하는데 필요한 Sensor등으로 인하여 비용이 들어간다.
② 직접 측정 불가능한 상태변수도 있다.

관측기의 설계

① 입력(u)과 출력(y)을 이용하여 상태변수를 계산해낸다.
② 기본적으로 관측기는 상태방정식을 계산하여 만드는데, 성공적인 동작을

보장하도록, 즉 관측 오차가 0으로 수렴하도록 설계한다.

$$\dot{x} = Ax + Bu \ - \ ①$$

$$y = Cx$$

x: 상태변수 Vector

y: 출력

$\bar{x}$: 관측된 상태변수 Vector 라 할 때

관측기는 입력과 출력을 알고 있다고 하는 조건에서

$$\dot{\bar{x}} = A\bar{x} + Bu + L(y - C\bar{x}) \ - \ ②$$

으로 설계한다(아래 그림을 참조하라).

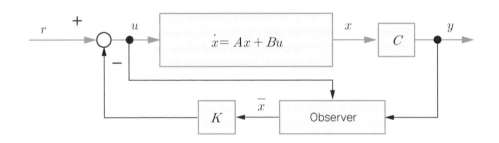

$y = Cx$ 임을 고려하고

①-②로부터

$$(\dot{x} - \dot{\bar{x}}) = A(x - \bar{x}) - LC(x - \bar{x})$$

가 된다.

$x - \bar{x} = e$라 놓으면 오차에 관한 미분방정식은

$$\dot{e} = (A - LC)e = A_D e$$

가 된다.

A가 2×2 Matrix이면 C는 1×2 Vector 이고 L(설계자가 설정)은 2×1 Vector 즉 $L = [l_1 \ l_2]^T = \begin{bmatrix} l_1 \\ l_2 \end{bmatrix}$가 된다.

상태 궤환 제어기 설계 문제에 있어서 Vector $K = [k_1 \ k_2]$를 정하여 주는 경우와 같이 관측기 설계 문제에 있어서는 $L = \begin{bmatrix} l_1 \\ l_2 \end{bmatrix}$을 설계자가 설정함으로써 오차에 관한 미분 방정식의 극점을 결정하는 특성방정식이 항상 안정되도록 설계할 수 있다.

$|sI - A_D|$가 안정된 극을 가지면 $e \rightarrow 0$ 이 되므로 (즉 $\bar{x} \rightarrow x$ 가 된다.), 관측기로 원하는 상태를 계산하여 얻을 수 있다.

예제

다음의 가 관측 표준형 상태 방정식으로 표현된 계통에 대하여 관측 오차에 관한 미분 방정식의 극점이 s=−20, −20 가 되도록 관측기를 설계 하라.

$$\begin{bmatrix} \dot{x}_1 \\ \dot{x}_2 \end{bmatrix} = \begin{bmatrix} 0 & -2 \\ 1 & -3 \end{bmatrix} \begin{bmatrix} x_1 \\ x_2 \end{bmatrix} + \begin{bmatrix} 3 \\ 1 \end{bmatrix} u$$

$$y = \begin{bmatrix} 0 & 1 \end{bmatrix} \begin{bmatrix} x_1 \\ x_2 \end{bmatrix}$$

은 특성방정식이 $|sI - A| = s^2 + 3s + 2 = 0$ 이고 극점을 $s = -1, \ -2$에 가지고 있다.

상태 궤환을 갖는 관측기에서 관측 오차에 관한 미분 방정식의 특성방정식이 $s^2 + 40s + 400 = 0$이 되도록 즉, 극점을 $s = -20, \ -20$에 갖도록 하는 관측기의 이득 Vector L 을 구해보자.

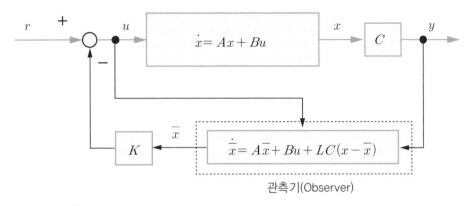

관측기(Observer)

$$\dot{x} = Ax + Bu \ - \ ①$$

$$y = Cx$$

x: 상태변수 Vector

y: 출력

$\overline{x}$: 관측된 상태변수 Vector 라 할 때

관측기는 입력과 출력을 알고 있다고 하는 조건에서

$$\dot{\overline{x}} = A\overline{x} + Bu + L(y - C\overline{x}) \ - \ ②$$

으로 설계한다.

$y = Cx$ 임을 고려하고

①–②로부터

$$(\dot{x} - \dot{\overline{x}}) = A(x - \overline{x}) - LC(x - \overline{x})$$

가 된다.

$x - \overline{x} = e$ 라 놓으면 오차에 관한 미분 방정식은

$$\dot{e} = (A - LC)\,e = A_D\,e$$

가 된다.

A가 2×2 Matrix이면 C는 1×2 Vector 이고 L(설계자가 설정)은 2×1 Vector

즉 $L = [l_1 \ l_2]^T = \begin{bmatrix} l_1 \\ l_2 \end{bmatrix}$ 가 되며

오차에 관한 미분 방정식을 풀어서 쓰면 다음과 같다.

$$\begin{bmatrix} \dot{e}_1 \\ \dot{e}_2 \end{bmatrix} = \left(\begin{bmatrix} 0 & -2 \\ 1 & -3 \end{bmatrix} - \begin{bmatrix} 0 & l_1 \\ 0 & l_2 \end{bmatrix} \right) \begin{bmatrix} e_1 \\ e_2 \end{bmatrix}$$

$$= \begin{bmatrix} 0 & -(2+l_1) \\ 1 & -(3+l_2) \end{bmatrix} \begin{bmatrix} e_1 \\ e_2 \end{bmatrix}$$

가 관측 표준형 상태 방정식의 요소와 특성방정식의 계수들의 관계를 알고 있다는 전제를 하고 관측 오차에 관한 미분 방정식의 특성방정식이 $s^2 + 40s + 400 = 0$ 이 되도록 하려면

$$-(2+l_1) = -400$$

$$-(3+l_2) = -40$$

이 되어야 하므로 $l_1 = 398$, $l_2 = 37$이다.

따라서 관측기의 이득 Vector는 $L = \begin{bmatrix} 398 & 37 \end{bmatrix}$ 이 된다.

위의 예제와 같은 계통에 대하여 상태 방정식이 가 관측 표준형으로 표현되어 있지 않은 경우에 관측기 설계는 어떻게 되는지 아래의 예제로서 비교해보자.

예제

다음의 상태 방정식으로 표현된 계통에 대하여 관측 오차에 관한 미분 방정식의 극점이 s=−20, −20 가 되도록 관측기를 설계 하라.

$$\begin{bmatrix} \dot{x}_1 \\ \dot{x}_2 \end{bmatrix} = \begin{bmatrix} -2 & 1 \\ 0 & -1 \end{bmatrix} \begin{bmatrix} x_1 \\ x_2 \end{bmatrix} + \begin{bmatrix} 1 \\ 2 \end{bmatrix} u$$

$$y = \begin{bmatrix} 1 & 0 \end{bmatrix} \begin{bmatrix} x_1 \\ x_2 \end{bmatrix}$$

은 특성방정식이 $|sI - A| = s^2 + 3s + 2 = 0$ 이고 극점을 $s = -1, \ -2$에 가지고 있다.

상태 궤환을 갖는 관측기에서 관측 오차에 관한 미분 방정식의 특성방정식이 $s^2 + 40s + 400 = 0$이 되도록 즉, 극점을 $s = -20, \ -20$에 갖도록 하는 관측기의 이득 Vector L 을 구해보자.

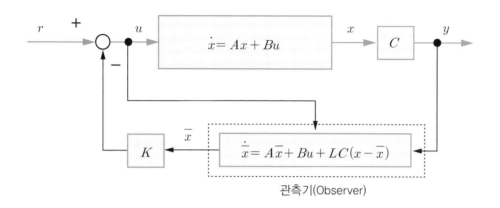

관측기(Observer)

$$\dot{x} = Ax + Bu \ - \ ①$$

$$y = Cx$$

x: 상태변수 Vector

y: 출력

$\overline{x}$: 관측된 상태변수 Vector

라 할 때, 관측기는 입력과 출력을 알고 있다고 하는 조건에서

$$\dot{\overline{x}} = A\overline{x} + Bu + L(y - C\overline{x}) \ - \ ②$$

으로 설계한다.

　　$y = Cx$ 임을 고려하고 ①–②로부터

$$(\dot{x} - \dot{\overline{x}}) = A(x - \overline{x}) - LC(x - \overline{x})$$

가 된다.

　　$x - \overline{x} = e$라 놓으면 오차에 관한 미분 방정식은

$$\dot{e} = (A - LC)\,e = A_D\,e$$

가 된다.

A가 2×2 Matrix이면 C는 1×2 Vector 이고 L(설계자가 설정)은 2×1 Vector

즉 $L = [l_1 \ l_2]^T = \begin{bmatrix} l_1 \\ l_2 \end{bmatrix}$ 가 되며

오차에 관한 미분 방정식을 풀어서 쓰면 다음과 같다.

$$\begin{bmatrix} \dot{e}_1 \\ \dot{e}_2 \end{bmatrix} = \left(\begin{bmatrix} -2 & 1 \\ 0 & -1 \end{bmatrix} - \begin{bmatrix} l_1 & 0 \\ l_2 & 0 \end{bmatrix} \right) \begin{bmatrix} e_1 \\ e_2 \end{bmatrix}$$

$$= \begin{bmatrix} -(2+l_1) & 1 \\ -l_2 & -1 \end{bmatrix} \begin{bmatrix} e_1 \\ e_2 \end{bmatrix} = A_D \, e$$

미분 방정식의 형태가 가 관측 표준형이 아니기 때문에 직접 특성 방정식을 아래와 같이 계산한다.

$$|sI - A_D| = (s + (2+l_1))(s+1) + l_2 = s^2 + (3+l_1)s + (2+l_1+l_2) = 0$$

관측 오차에 관한 미분 방정식의 특성방정식이 $s^2 + 40s + 400 = 0$ 이 되도록 하고자 하기 때문에

$$3 + l_1 = 40$$

$$(2 + l_1 + l_2) = 400$$

이 되어야 하므로 $l_1 = 37$, $l_2 = 361$ 이다.

따라서 관측기의 이득 Vector는 $L = \begin{bmatrix} 37 & 361 \end{bmatrix}$ 이 된다.

지금까지 설명한 바와 같이, 관측기를 사용하여 상태변수를 추정하고 추정된 상태 변수를 사용하여 극점 배치 설계(Pole-placement Design)를 하였을 경우 제어계의 전체 구성과 각 부분의 극점의 구성은 다음의 그림과 같이 표현될 수 있다.

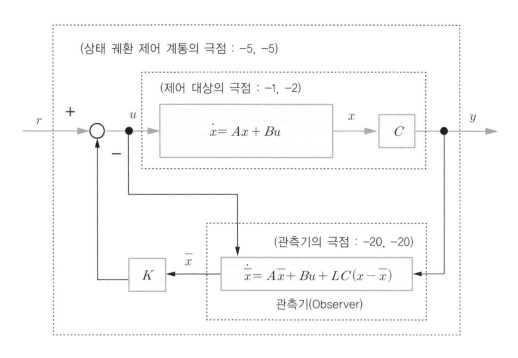

(상태 궤환 제어 계통의 극점 : −5, −5)

(제어 대상의 극점 : −1, −2)

$$\dot{x} = Ax + Bu$$

C

(관측기의 극점 : −20, −20)

$$\dot{\bar{x}} = A\bar{x} + Bu + LC(x - \bar{x})$$

관측기(Observer)

K

$\bar{x}$

r + u x y −

　제어대상은 극점이 각각 −1, −2에 위치하고 있으며 상태 궤환 제어를 통하여 새롭게 극점의 위치가 −5, −5 로 변경되었다. 한편 관측기는 극점을 −20, −20에 가지도록 설계 되었다. 이렇게 설계함으로써 관측기가 상태변수를 계산하여 추정하는 속도가 전체 상태 궤환 제어 계통에서 상태 변수가 변화하는 속도보다 4배정도 빠르도록 설계되어 있음을 주목하자. 관측기가 상태변수를 추정하는 속도가 폐 루프 제어계에서 상태변수가 변화하는 속도 보다 최소 4배 이상 빠르도록 설계하는 것은 공학적으로 중요한 의미를 갖는다. 이러한 조건에서는 상호간의 영향을 무시할 수 있어서 상태 궤환 제어기의 설계 문제와 관측기의 설계 문제를 완전히 별개의 문제로 분리하여 생각할 수 있다고 알려져 있는데 이것을 분리원리 또는 격리원리(Separation Principle)라고 한다.

찾아보기

참고문헌

1) Thomas' Calculus, Maurice D. Weir, Joel Hass and Frank R. Giordano, 2005, Addison Wesley.

2) 브리태니커 세계 대백과사전, Britannica, 제8권.

3) Advanced Engineering Mathematics, Erwin Kreyszig, John Wiley & Sons, Inc.

4) Automatic Control Systems, Benjamin C. Kuo, 1982, Prentice Hall, Inc.

5) Modern Control System Theory and Design, Stanley M. Shinners, 1992, John Wiley and Sons, Inc.

6) Modern Control Theory, William L. Brogan, 1991, Prentice Hall, Inc.

7) Control Systems Engineering, Norman S. Nise, 2008, John Wiley and Sons, Inc.

8) Linear System Theory and Design, Chi-Tsong Chen, 1984, Holt, Rinehart and Winston.

기초부터 차근차근 배우는 **제어공학**

개정발행 2023년 03월 27일

지은이 백인철
펴낸이 노소영
펴낸곳 도서출판 마지원
등록번호 제559-2016-000004
전화 031)855-7995
팩스 02)2602-7995
주소 서울 강서구 마곡중앙로 171

http://www.majiwon.co.kr
http://blog.naver.com/wolsongbook

ISBN | 979-11-92534-12-1 (93560)

정가 19,000원